Cours de Géométrie Terminale S et Propédeutique

Alfred Gérard Noël

University of Massachusetts Boston USA.

Haitian Scientific Society, Boston USA.
E-mail address: alfred.noel@umb.edu

EDUCA Vision Inc
educavision.com

Cours de Géométrie Terminale S et Propédeutique
Author Alfred Gérard Noël

For information:
Educa Vision Inc.
2725 NW 19th Street
Pompano Beach, FL 33069
Tel: 954 968 7433
e-mail: educa@aol.com
Web site www.educavision.com

EDUCA
Vision
Inc
educavision.com

Ce livre est dédié au Professeur

Donald R. King

en signe de gratitude et d'admiration.

Table des Matières

Préface

L'introduction, dans le nouveau programme de Terminale S, des notions géométriques étendues sur plusieurs branches des mathématiques pures et appliquées, a rendu urgente la rédaction d'un ouvrage de référence. Ce livre vient combler cette lacune.

Les nouvelles découvertes historiques et archéologiques ne laissent aucune équivoque quant aux origines de la *Géométrie*. Elle a vu le jour dans la vallée du Nil en Égypte antique, aux environs de trois mille ans avant Jésus-Christ. Elle était utilisée au cours des études topographiques pour l'aménagement du territoire, dans la construction des pyramides, et en Astronomie. D'autres sources mentionnent la Babylone et l'Inde aussi, durant la même période.

La Géométrie moderne dérive de la Géométrie classique grecque probablement apprise auprès des prêtres et astronomes égyptiens. Les Grecs ont fait de la Géometrie ($\gamma\epsilon\omega\mu\epsilon\tau\rho\iota\alpha$; geo = Terre, metron = mesure) la pierre angulaire de toute démarche logique, donc philosophique. Cette attitude singulière s'est soldée par la publication des «Éléments» d'Euclide où figurent les cinq axiomes de la Géometrie, dite euclidienne de nos jours. Il faut ajouter aussi que les Hindous et les Chinois ont, de leur côté, développé d'importantes théories géométriques.

Les connaissances grecques ont été transmises à l'Europe médiévale par les Arabes durant les IXe et Xe siècles, et traduites en Latin, langue paneuropéenne par excellence, au XIIe sciècle. René Descartes (1596-1650) et Pierre de Fermat (1601-1665) furent les premiers à mettre sur pied une algébrisation de la géométrie d'Euclide, qui s'est culminée avec «l' Erlanger Programm» de Felix Klein et la «Grundlagen der Geometrie» de David Hilbert. Au XXe siècle, elle continue de se métamorphoser en de vastes branches de recherches mathématiques telles que la Géométrie algébrique, la Géométrie differentielle, la Géométrie symplectique, la Géométrie computationnelle etc.

D'abord, nous proposons un modèle pour les axiomes de la Géométrie de l'espace via l'espace vectoriel $\mathbb{E}^3_O$. Le modèle sera adapté au programme de Terminale S. Nous étudierons aussi les propriétés des morphismes qui conservent la structure d'espace vectoriel.

MODE D'EMPLOI

Ce ouvrage s'adresse aux élèves, étudiants et enseignants en Secondaires III et IV, et en Année préparatoire. L'autodidacte, aussi, y trouvera une bonne source de motivation. Le contenu du Module I reflète l'essentiel du matériel traité en Secondaire III, celui des Modules 3 et 4 se rapporte au programme du Secondaire IV. Le Module 2 développe quelques notions d'Algèbre linéaire fondamentales à l'approche moderne de l'enseignement des géométries et échafaude une solide ossature sur laquelle le lecteur pourra bâtir une connaissance plus profonde de certaines notions géométriques dans de meilleures conditions qu'auparavant; il est destiné spécifiquement aux étudiants des classes préparatoires.

En année de propédeutique, il est conseillé d'enseigner ce cours, en renforçant le contenu du Module 2, de concert avec «*Analiz Matematik I: fonksyon yon sèl varyab*». Ainsi l'étudiant(e) sera prêt(e) à pénétrer la substance de mon autre publication «*Analiz Matematik II: fonksyon plizyè varyab*». Ce livre sera prochainement traduit en haïtien.

On peut aussi envisager des séances de recyclage à l'endroit des professeurs des établissements publics ou privés et des cadres de l'Éducation nationale, se déroulant sur une période de six à neuf mois. Alors, on aurait l'opportunité de tester d'autres approches pédagogiques et même d'adresser des questions pertinentes à la vulgarisation des idées mathématiques modernes au sein de la population. Dans un contexte francophone, le texte est utilisable dans les classes de Première S, de Terminale S et des Années préparatoires des universités.

Les exercices ne sont pas nombreux, mais ils permettent au lecteur de se familiariser avec les concepts abstraits et laissent deviner les grandes théories élaborées au cours du siècle dernier, montrant éloquemment l'importance de l'Algèbre linéaire. Nous admettons que certains énoncés ne peuvent pas être tout-à-fait vrais sans une quelconque hypothèse non spécifiée ou peuvent tout simplement être faux. Malheureusement, la plupart des traités de Mathématiques n'échappent pas à cette regrettable réalité. Un esprit ouvert, le futur mathématicien en l'occurence, admettra, sans doute, que les énoncés faux sont souvent plus instructifs. Le fainéant s'en larmoiera. L'auteur qui n'est pas à son premier coup d'essai, en survivra.

REMERCIEMENTS

Je décoche une pensée singulière et reconnaissante à l'endroit des professeurs Patrick Joseph (Hinche), Marc Mondésir (Hinche), Brunel Joseph (Cap Haïtien) et Jean Lesly René (Boston) pour leur aide et conseils tout au long de la phase d'écriture. Je voudrais également remercier Dr. Renauld Govain qui a effectué une minutieuse révision linguistique de l'ensemble de l'ouvrage et a formulé de nombreuses suggestions utiles. Je porte évidemment l'entière responsabilité de toute erreur restante. L'incontestable soutien de mon épouse, l'ingénieure Kattia Thomas, a été indispensable à l'achèvement de ce projet.

Alfred Nœl
Salem, Massachusetts
Février 2026

MODULE 1

Géométrie dans L'espace

Alfred Gérard Noël

University of Massachusetts Boston
USA.

Ce cours s'appuie sur les connaissances de la géométrie plane pour étudier les mêmes objets dans un espace à trois dimensions, l'environnement dans lequel nous évoluons. On y ajoutera aussi des objets qui ne sont pas contenus dans le plan et on prolongera les axiomes de la géométrie plane.

Axiomes

(1) Trois points non alignés, X, Y et Z, définissent un plan, (XYZ), de manière unique.

(2) Si un plan contient deux points distincts X et Y, il contient la droite (XY).

(3) Si deux plans distincts ont un point en commun, leur intersection est une droite.

(4) Un plan de l'espace sera donc déterminé entièrement par:
   - La donnée de trois points non alignés.
   - La donnée d'une droite et d'un point extérieur à cette droite.
   - Deux droites sécantes.

Il nous sera avantageux de définir quelques termes en amont.

Parallélisme

DÉFINITION 1.1. Deux droites sont dites parallèles si elles sont *coplanaires* (dans un même plan) et parallèles dans ce plan : elles y sont donc confondues ou sans point commun.

DÉFINITION 1.2. Un plan et une droite sont dits parallèles s'ils n'ont pas de point commun ou si la droite est contenue dans le plan.

Définition 1.3. Deux plans sont dits parallèles s'ils n'ont aucun point commun, ou bien s'ils sont confondus.

Orthogonalité et Perpendicularité

Définition 1.4. Deux droites de l'espace sont dites perpendiculaires si elles sont sécantes et perpendiculaires dans le plan qui les contient.

Deux droites de l'espace sont dites orthogonales si les parallèles à ces droites menées par un point quelconque sont perpendiculaires.

Définition 1.5. Une droite et un plan sont dits perpendiculaires si la droite donnée est orthogonale à toutes les droites du plan.

Définition 1.6. On appelle *projection orthogonale* d'un point M sur un plan $\mathcal{P}$, le point N de $\mathcal{P}$ tel que la droite (MN) soit perpendiculaire à $\mathcal{P}$. Cette projection est le point M si et seulement si Mest un point de $\mathcal{P}$.

La longueur du segment, MN, est la distance du point M au plan $\mathcal{P}$. Elle est nulle si et seulement si M est un point de $\mathcal{P}$.

Géométrie Vectorielle dans L'espace

La géométrie vectorielle est un modèle pour le système axiomatique précédent, et en même temps, un système algébrique de codification des objets et des paramètres de l'espace. C'est un formidable outil de simulation des questions d'importance tant aux chercheurs universitaires qu'aux scientifiques travaillant dans les entreprises modernes. Son objet fondamental est un *vecteur* défini de la manière suivante:

Définition 1.7. A deux points distincts A et B de l'espace, on définit le vecteur $\overrightarrow{AB}$ par :

- sa direction, celle de la droite (AB);
- son sens, celui de A vers B ;
- sa norme $||\overrightarrow{AB}||$, égale à la distance de A à B.

Si $A = B$, alors $\overrightarrow{AA} \equiv \vec{0}$, le *vecteur nul*, et $||\vec{0}|| = 0$.

Deux vecteurs égaux ont le même sens, la même direction et la même norme.

Dans ce contexte, il convient de noter que $\vec{u}, \vec{v}$ et $\vec{w}$ représentent le vecteur $\overrightarrow{AB}$ (voir Figure 1.0.1). Donc, un vecteur a un nombre infini de représentations dans l'espace; ce sont toutes ses translations. Dans la littérature mathématique, il est défini comme étant une classe d'équivalence de bi-points (A, B).

FIGURE 1.0.1. Représentations du vecteur $\overrightarrow{AB}$ dans l'espace

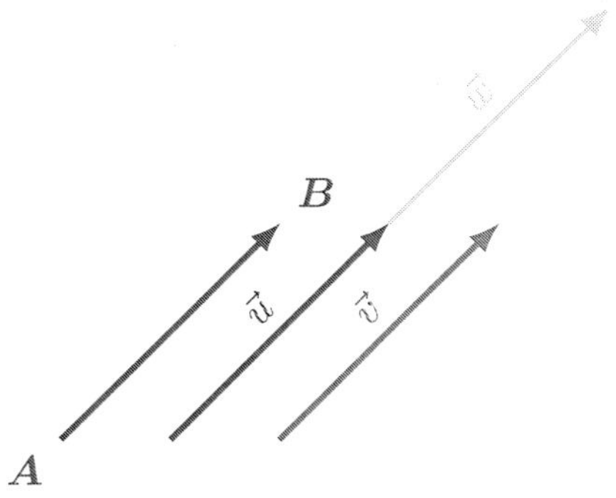

REPÉRAGE DANS L'ESPACE

Nous travaillerons toujours dans un *repère* ou un *système de coordonnées*, constitué d'un point, *Origine*, et de trois vecteurs non coplanaires. En règle générale, on appelle $(O, \vec{i}, \vec{j}, \vec{k})$ un repère de l'espace. (voir Figure 1.0.2)

FIGURE 1.0.2. Repère dans l'espace

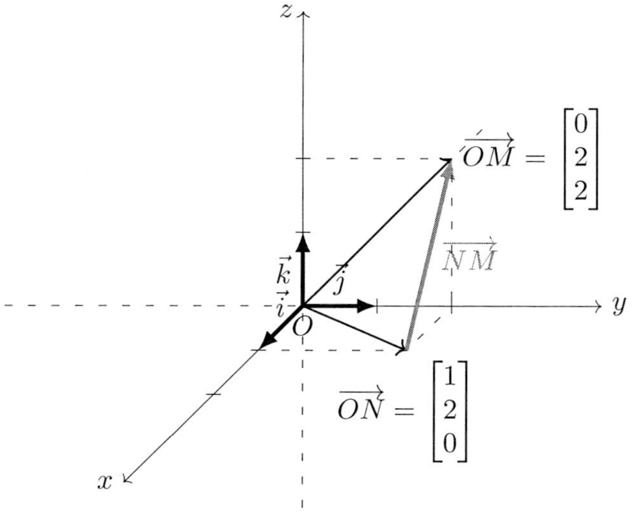

DÉFINITION 1.8. L'espace, dénoté par $\mathbb{E}^3$, est l'ensemble de points P définis par tous les triplets (ensemble ordonné de trois points) x, y, z où x, y et z sont

des nombres réels. On prendra soin de noter que l'Origine, O, correspondra toujours au triplet $(0,0,0)$.

Nous écrirons $P = (x, y, z)$ et $O = (0,0,0)$.

Les symboles x, y et z sont les coordonnées de P dans le repère $(O, \vec{i}, \vec{j}, \vec{k})$.

Les trois droites définies par ces ensembles de triplets

$$\{(x,0,0)\}, \{(0,y,0)\} \text{ et } \{(0,0,z)\}$$

sont appelées axes de coordonnées du repère, axe-x, axe-y et axe-z respectivement.

Les trois plans définis par ces ensembles de triplets

$$\{(x,y,0)\}, \{(0,y,z)\} \text{ et } \{(x,0,z)\}$$

sont les plans de coordonnées du repère, plan-xy, plan-yz et plan-xz respectivement.

Figure 1.0.2 montre que $M = (0,2,2)$ et $N = (1,0,2)$.

DÉFINITION 1.9. Soit $P = (x_1, y_1, z_1)$ et $Q = (x_2, y_2, z_2)$. On définit la distance entre P et Q par la formule suivante:

$$d(P,Q) = d(Q,P) = PQ = \sqrt{(x_2 - x_1)^2 + (y_2 - y_1)^2 + (z_2 - z_1)^2}.$$

Par exemple, $d(M,N) = \sqrt{1+4+0} = \sqrt{5}$, $d(OM) = \sqrt{0+4+4} = \sqrt{8}$ et $d(ON) = \sqrt{1+0+4} = \sqrt{5}$. (voir Figure 1.0.2)

DÉFINITION 1.10. Soit $P = (x_1, y_1, z_1)$ et $Q = (x_2, y_2, z_2)$. On utilisera la notation suivante pour décrire le vecteur $\overrightarrow{PQ}$:

$$\overrightarrow{PQ} = \begin{bmatrix} x_2 - x_1 \\ y_2 - y_1 \\ z_2 - z_1 \end{bmatrix}, \text{ et sa norme } ||\overrightarrow{PQ}|| = d(P,Q).$$

Les nombres $(x_2 - x_1), (y_2 - y_1)$, et $(z_2 - z_1)$ sont les composantes de $\overrightarrow{PQ}$.

Tout point $M = (x, y, z) \in \mathbb{E}^3$ détermine un *vecteur de position*

$$\overrightarrow{OM} = \begin{bmatrix} x \\ y \\ z \end{bmatrix} \text{ de norme } ||\overrightarrow{OM}|| = \sqrt{x^2 + y^2 + z^2}.$$

Puisque tout vecteur $\overrightarrow{PQ}$, appelé *vecteur de déplacement* en physique , peut être representé à partir de l'Origine, il nous sera convenable de définir un vecteur abstrait $\vec{u}$ dans $\mathbb{E}^3$ de cette manière

$$\vec{u} = \begin{bmatrix} x \\ y \\ z \end{bmatrix}, \text{ et } ||\vec{u}|| = \sqrt{x^2 + y^2 + z^2}$$

Les nombres x,y, et z sont les composantes de $\vec{u}$. Il est clair que

$$\vec{u} = \begin{bmatrix} u_1 \\ u_2 \\ u_3 \end{bmatrix} \equiv \vec{v} = \begin{bmatrix} v_1 \\ v_2 \\ v_3 \end{bmatrix} \iff u_1 = v_1, u_2 = v_2 \text{ et } u_3 = v_3; \text{ (voir Figure1.0.3)}$$

Donc, la différence entre la représentation d'un point et celle d'un vecteur dans l'espace, dépendra du contexte. Cependant, on maintiendra les notations suivantes:

Un point P sera toujours representé par un triplet (x_P, y_P, z_P), ses coordonnées dans le repère $(O, \vec{i}, \vec{j}, \vec{k})$, et en même temps il correspondra au vecteur:

$$\overrightarrow{OP} = \begin{bmatrix} x_P \\ y_P \\ z_P \end{bmatrix}.$$

De surcroît, on pose:

$$\vec{i} = \begin{bmatrix} 1 \\ 0 \\ 0 \end{bmatrix}, \vec{j} = \begin{bmatrix} 0 \\ 1 \\ 0 \end{bmatrix}, \vec{k} = \begin{bmatrix} 0 \\ 0 \\ 1 \end{bmatrix}.$$

Dans certains cas, il sera plus convenable de travailler avec des vecteurs de norme 1 communément appelés vecteurs unitaires; les vecteurs du repère $(O, \vec{i}, \vec{j}, \vec{k})$, par exemple, jouissent d'une telle propriété.

LEMME 1.11 (Vecteur Unitaire). *Soit* $\vec{u} \neq \vec{0}$; *alors* $\left|\left|\frac{1}{||\vec{u}||}\vec{u}\right|\right| = 1.$

DÉMONSTRATION. On suppose que $\vec{u} = \begin{bmatrix} x \\ y \\ z \end{bmatrix}$, et on a

$$\left|\left|\frac{1}{||\vec{u}||}\vec{u}\right|\right|^2 = \frac{1}{x^2 + y^2 + z^2}(x^2 + y^2 + z^2) = 1.$$

□

FIGURE 1.0.3. Translation d'un vecteur à l'Origine

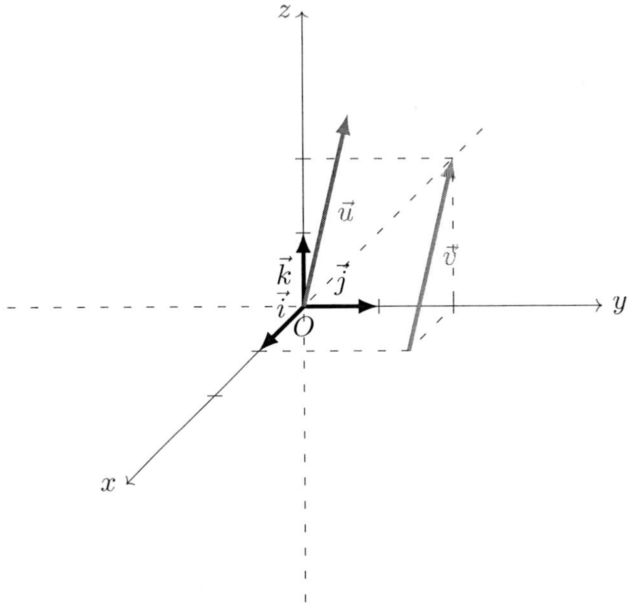

Il sera néssessaire de définir une addition et une multiplicaton par un nombre réel sur l'ensemble des vecteurs de $\mathbb{E}^3$.

Soit $\vec{u} = \begin{bmatrix} u_1 \\ u_2 \\ u_3 \end{bmatrix}$, $\vec{v} = \begin{bmatrix} v_1 \\ v_2 \\ v_3 \end{bmatrix}$, deux vecteurs dans $\mathbb{E}^3$, et $\lambda \in \mathbb{R}$. Alors

$$\vec{u} + \vec{v} = \begin{bmatrix} u_1 + v_1 \\ u_2 + v_2 \\ u_3 + v_3 \end{bmatrix}$$

et

$$\lambda \vec{u} = \begin{bmatrix} \lambda u_1 \\ \lambda u_2 \\ \lambda u_3 \end{bmatrix}.$$

L'interprétation géométrique de ces deux opératons est identique à celle du cas plan et s'accorde avec celle préconisée par la Mécanique. Ces opérations sont illustrées en Figure 1.0.4.

FIGURE 1.0.4. Addition de deux vecteurs; Multiplication par un nombre réel λ.

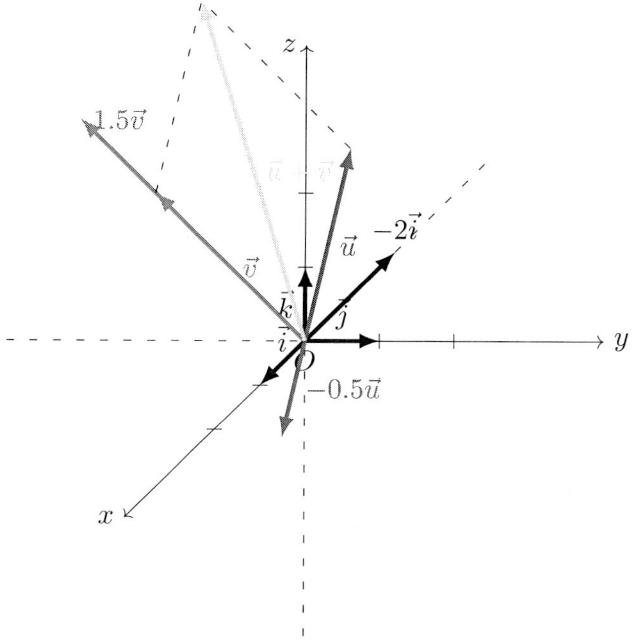

L'ESPACE VECTORIEL $\mathbb{E}_O^3$

En choisissant un repère, $(O, \vec{i}, \vec{j}, \vec{k})$, on transforme $\mathbb{E}^3$ en un *espace vectoriel*, $\mathbb{E}_O^3$, dont les éléments, désormais appelés *vecteurs*, satisferont les relations suivantes:

PROPOSITION 1.12. *Si $\vec{u}$, $\vec{v}$, et $\vec{w}$ sont des vecteurs, et si λ et μ sont des nombres réels, alors*

(1) $\vec{u} + \vec{v} = \vec{v} + \vec{u}$; *[commutativité]*
(2) $(\vec{u} + \vec{v}) + \vec{w} = \vec{u} + (\vec{v} + \vec{w})$; *[associativité]*
(3) $\vec{u} + \vec{0} = \vec{0} + \vec{u} = \vec{u}$; *[$\vec{0}$: élément neutre]*
(4) $\vec{u} + (-\vec{u}) = (-\vec{u}) + \vec{u} = \vec{0}$; *[inversibilité]*

(5) $\lambda(\mu\vec{v}) = (\lambda\mu)\vec{v}$; *[compatibilité]*
(6) $(\lambda + \mu)\vec{v} = \lambda\vec{v} + \mu\vec{v}$; *[distributivité à gauche]*
(7) $\lambda(\vec{u} + \vec{v}) = \lambda\vec{u} + \lambda\vec{v}$; *[distributivité à droite]*

DÉMONSTRATION. Posons $\vec{u} = \begin{bmatrix} u_1 \\ u_2 \\ u_3 \end{bmatrix}$, $\vec{v} = \begin{bmatrix} v_1 \\ v_2 \\ v_3 \end{bmatrix}$, et $\vec{w} = \begin{bmatrix} w_1 \\ w_2 \\ w_3 \end{bmatrix}$. Alors

(1)

$$\vec{u} + \vec{v} = \begin{bmatrix} u_1 + v_1 \\ u_2 + v_2 \\ u_3 + v_3 \end{bmatrix} = \begin{bmatrix} v_1 + u_1 \\ v_2 + u_2 \\ v_3 + u_3 \end{bmatrix} = \vec{v} + \vec{u}.$$

C'est une conséquence de la commutativité de l'addition des nombres réels.

(2)

$$\vec{u} + (\vec{v} + \vec{w}) = \begin{bmatrix} u_1 + (v_1 + w_1) \\ u_2 + (v_2 + w_2) \\ u_3 + (v_3 + w_3) \end{bmatrix} = \begin{bmatrix} (u_1 + v_1) + w_1 \\ (u_2 + v_2) + w_2 \\ (u_3 + v_3) + w_3 \end{bmatrix} = (\vec{u} + \vec{v}) + \vec{w}.$$

C'est une conséquence de l'associativité de l'addition des nombres réels.

(3) Par commutativité

$$\vec{u} + \vec{0} = \vec{0} + \vec{u} = \begin{bmatrix} u_1 + 0 \\ u_2 + 0 \\ u_3 + 0 \end{bmatrix} = \begin{bmatrix} u_1 \\ u_2 \\ u_3 \end{bmatrix} = \vec{u},$$

parce que 0 est l'élément neutre de l'addition des nombres réels.

(4) Par commutativité

$$\vec{u} + (-\vec{u}) = (-\vec{u}) + \vec{u} = \begin{bmatrix} -u_1 + u_1 \\ -u_2 + u_2 \\ -u_3 + u_3 \end{bmatrix} = \begin{bmatrix} 0 \\ 0 \\ 0 \end{bmatrix} = \vec{0}.$$

(5)

$$\lambda(\mu\vec{v}) = \lambda \begin{bmatrix} \mu v_1 \\ \mu v_2 \\ \mu v_3 \end{bmatrix} = \begin{bmatrix} (\lambda\mu)v_1 \\ (\lambda\mu)v_2 \\ (\lambda\mu)v_3 \end{bmatrix} = (\lambda\mu)\vec{v}$$

C'est une conséquence de la multiplication des nombres réels.

(6)

$$(\lambda+\mu)\vec{v} = (\lambda+\mu)\begin{bmatrix} v_1 \\ v_2 \\ v_3 \end{bmatrix} = \begin{bmatrix} (\lambda+\mu)v_1 \\ (\lambda+\mu)v_2 \\ (\lambda+\mu)v_3 \end{bmatrix} \tag{1.1}$$

$$= \begin{bmatrix} \lambda v_1 + \mu v_1 \\ \lambda v_2 + \mu v_2 \\ \lambda v_3 + \mu v_3 \end{bmatrix} = \begin{bmatrix} \lambda v_1 \\ \lambda v_2 \\ \lambda v_3 \end{bmatrix} + \begin{bmatrix} \mu v_1 \\ \mu v_2 \\ \mu v_3 \end{bmatrix} = \lambda\vec{v} + \mu\vec{v}$$

C'est une conséquence de la distributivité de la multiplication par rapport à l'addition des nombres réels,

(7) et pour la même raison on aura:

$$\lambda(\vec{u}+\vec{v}) = \begin{bmatrix} \lambda(u_1+v_1) \\ \lambda(u_2+v_2) \\ \lambda(u_3+v_3) \end{bmatrix} = \begin{bmatrix} \lambda u_1 \\ \lambda u_2 \\ \lambda u_3 \end{bmatrix} + \begin{bmatrix} \lambda v_1 \\ \lambda v_2 \\ \lambda v_3 \end{bmatrix} = \lambda\vec{u} + \lambda\vec{v}.$$

□

REMARQUE 1.13. Les quatre premières propriétés ci-dessus confèrent à l'espace vectoriel $\mathbb{E}^3_O$ une structure de groupe commutatif additif. Les résultats obtenus à partir de la proposition permettront de calculer sans se soucier des composantes des vecteurs à moins qu'on soit à la recherche d'une valeur numérique spécifique.

PROPOSITION 1.14. $\vec{u}+\vec{v}=\vec{0} \iff \vec{u}=-\vec{v}$

DÉMONSTRATION. D'après la proposition précédente

$$\vec{u}+\vec{v}=\vec{0} \iff \vec{u}+(\vec{v}-\vec{v})=\vec{0}-\vec{v} \iff \vec{u}+\vec{0}=-\vec{v} \iff \vec{u}=-\vec{v}.$$

□

REMARQUE 1.15. Tout vecteur

$$\vec{u} = \begin{bmatrix} x \\ y \\ z \end{bmatrix} = x\begin{bmatrix} 1 \\ 0 \\ 0 \end{bmatrix} + y\begin{bmatrix} 0 \\ 1 \\ 0 \end{bmatrix} + z\begin{bmatrix} 0 \\ 0 \\ 1 \end{bmatrix}$$

s'écrit comme une combinaison linéaire $\vec{u} = x\vec{i} + y\vec{j} + z\vec{k}$ des vecteurs du repère $(O, \vec{i}, \vec{j}, \vec{k})$, et cette décomposition est unique. Alors, on dit que les vecteurs $\vec{i}, \vec{j}$ et $\vec{k}$ forment une base de $\mathbb{E}^3_O$.

Il est clair que la multiplication de $\vec{v}$ par un réel λ donne $\lambda\vec{v} = \lambda x\vec{i}+\lambda y\vec{j}+\lambda z\vec{k}$. Si $\vec{v} = a\vec{i}+b\vec{j}+c\vec{k}$ alors, $\vec{u}+\vec{v} = (a+x)\vec{i}+(b+y)\vec{j}+(c+z)\vec{k}$. Cette nouvelle notation est très courante dans les exposés scientifiques. On alternera entre les deux.

Les deux prochaines propositions caractérisent les notions de *colinéarité* et de *coplanarité* dans $\mathbb{E}^3_O$.

PROPOSITION 1.16. *Deux vecteurs $\vec{u}$ et $\vec{v}$ sont colinéaires si et seulement si il existe un nombre réel λ tel que $\vec{u} = \lambda v$.*

DÉMONSTRATION. Sans restreindre la généralité, on peut transposer les vecteurs à l'Origine pour poser $\vec{u} = \overrightarrow{OP}$ et $\vec{v} = \overrightarrow{OQ}$. Alors, $\vec{u}$ et $\vec{v}$ sont colinéaires si et seulement si les points O, P, et Q sont alignés. Ce qui se traduit par l'existence d'un nombre λ tel que $\overrightarrow{OP} = \lambda\overrightarrow{OQ}$.

□

REMARQUE 1.17. On voit que $\vec{0}$ et $\vec{u}$ sont toujours colinéaires parce que $\vec{0} = 0\vec{u}$. Donc, si $\vec{u}$ et $\vec{v}$ sont deux vecteurs non colinéaires, alors $\vec{u} \neq \vec{0}$ et $\vec{v} \neq \vec{0}$.

PROPOSITION 1.18. *Soit $\vec{u}$ et $\vec{v}$ deux vecteurs non colinéaires. Alors les vecteurs $\vec{u}$, $\vec{v}$ et $\vec{w}$ sont coplanaires si et seulement s'il existe deux nombres réels λ et μ tels que $\vec{w} = \lambda\vec{u} + \mu\vec{v}$.*

DÉMONSTRATION. Sans restreindre la généralité, on peut transposer les vecteurs à l'Origine pour poser $\vec{u} = \overrightarrow{OP}$, $\vec{v} = \overrightarrow{OQ}$ et $\vec{w} = \overrightarrow{OM}$. Puisque $\vec{u}$ et $\vec{v}$ ne sont pas colinéaires, il s'ensuit que les points O, P, et Q ne sont pas alignés, et le point M est dans le plan (OPQ) si et seulement s'il existe deux nombres réels λ et μ tels que $\overrightarrow{OM} = \lambda\overrightarrow{OP} + \mu\overrightarrow{OQ}$. (voir Figure 1.0.5)

□

COROLLAIRE 1.19. *Soit $\vec{u}$ et $\vec{v}$ deux vecteurs non colinéaires. On définit deux sous-ensembles de $\mathbb{E}^3_O$:*

$$\mathbb{E}^1_O = \{\lambda\vec{u} : \lambda \in \mathbb{R}\} \text{ et } \mathbb{E}^2_O = \{\lambda\vec{u} + \mu\vec{v} : (\lambda, \mu) \in \mathbb{R}^2\}.$$

Alors $E^1_O \equiv <\vec{u}>$ est la droite engendrée par le vecteur $\vec{u}$, et $E^2_O \equiv <\vec{u}, \vec{v}>$ est le plan engendré par les vecteurs $\vec{u}$ et $\vec{v}$.

DÉMONSTRATION. Il est tout à fait clair que cette assertion découle de la proposition précédente parce que les nombres λ et μ sont des paramètres à valeurs réelles.

□

Pour conclure, les seuls sous-espaces linéaires de $\mathbb{E}^3_O$ sont $\vec{0}$, les droites qui passent par l'Origine, $\mathbb{E}^1_O$, les plans qui contiennent l'Origine, $\mathbb{E}^2_O$, et finalement $\mathbb{E}^3_O$ lui-même.

FIGURE 1.0.5. Illustration de la coplanarité de trois vecteurs.

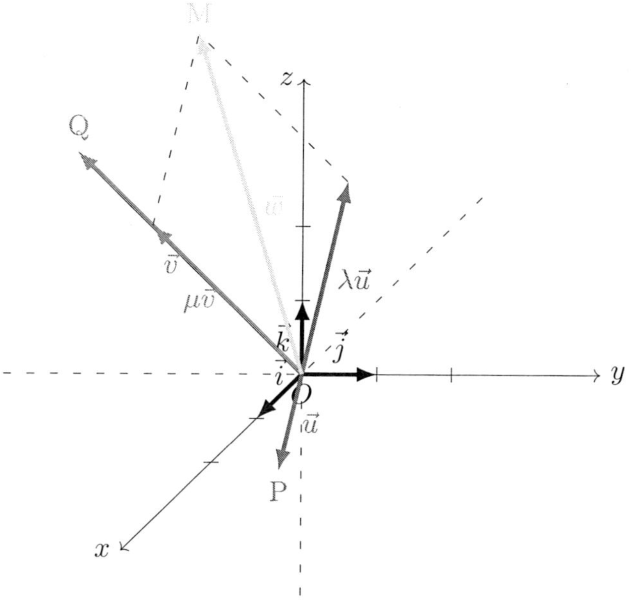

Exercices

(1) Si $A = (1, 0, 2)$, $B = (-3, 3, 1)$ et $C = (2, 1, 5)$, calculer
   (a) $\overrightarrow{AB}$ et $\overrightarrow{BA}$.
   (b) $\overrightarrow{AC}$, $\overrightarrow{BC}$, et $\overrightarrow{AC} + \overrightarrow{CB}$.
   (c) Expliquer à l'aide d'une image graphique pourquoi les vecteurs $\overrightarrow{AB}$, $\overrightarrow{AC}$ et $\overrightarrow{CB}$ sont coplanaires.

(2) Soit $A = (a_1, a_2, \cdots, a_n)$ et $B = (b_1, b_2, \cdots, b_n)$ deux points de $\mathbb{R}^n$, c'est-à-dire des $n-$uplets réels. Calculer

$$\overrightarrow{OA} + \overrightarrow{OB} \text{ et } \lambda\overrightarrow{OA} + \mu\overrightarrow{OB}$$

en supposant que λ et μ soient des nombres réels.

(3) Certains mathématiciens interprètent $\overrightarrow{AB}$ comme étant une translation de l'espace qui fait de B l'image de A. Montrer que
   (a) $\overrightarrow{AB} = \vec{0} \iff A = B$,
   (b) $\overrightarrow{AB} = -\overrightarrow{BA}$,
   (c) $\overrightarrow{AB} + \overrightarrow{BC} = \overrightarrow{AC}$, et $\overrightarrow{BC} = \overrightarrow{AC} - \overrightarrow{AB}$.

(4) Soit $\vec{u}$ un vecteur de $\mathbb{E}^3_O$ et A un point de $\mathbb{E}^3$. Montrer qu'il existe exactement un seul point $B \in \mathbb{E}^3$ tel que $\overrightarrow{AB} = \vec{u}$.

(5) Soit $\vec{u} = \begin{bmatrix} 2 \\ 2 \\ 1 \end{bmatrix}$ et $\vec{v} = \begin{bmatrix} 0 \\ 3 \\ 2 \end{bmatrix}$. Décrire l'ensemble des vecteurs

$$W = \{w \in \mathbb{E}^3_O : w = \lambda\vec{u} + \mu\vec{v}, 0 \leq \lambda \leq 1, 0 \leq \mu < 1\}.$$

(6) Quelles sont les valeurs de x et de y qui satisferont l'équation

$$\begin{bmatrix} 3 \\ x \\ y \end{bmatrix} = \begin{bmatrix} 1 \\ 3 \\ 2 \end{bmatrix} + \begin{bmatrix} 2 \\ 6 \\ 4 \end{bmatrix} + \begin{bmatrix} 0 \\ -3 \\ -2 \end{bmatrix}?$$

(7) On suppose que $a, b,$ et c soient des nombres réels.Quelles sont les valeurs de x et de y qui satisferont l'équation

$$\begin{bmatrix} 3 \\ x \\ y \end{bmatrix} = a\begin{bmatrix} 1 \\ 3 \\ 2 \end{bmatrix} + b\begin{bmatrix} 2 \\ 6 \\ 4 \end{bmatrix} + c\begin{bmatrix} -1 \\ -3 \\ -2 \end{bmatrix}?$$

(8) Un avion de la SALSA d'Haïti décolle de l'aéroport international du Cap-Haïtien avec un vecteur vitesse $\begin{bmatrix} 50 \\ 100 \\ 4 \end{bmatrix}$. On suppose que la vitesse est exprimée en kilomètre-heure (km/h), que l'axe-x soit orienté vers l'Est et l'axe-y vers le Nord.

(a) Quelle est la vitesse verticale de l'avion au décollage?

(b) On suppose que l'aéroport soit sitiué à l'Origine et l'Institut des Sciences et des Technologies, et des Études Avancées d'Haïti (ISTEAH) soit un édifice de 40 mètres de hauteur situé à 5 km à l'est et 10 km au nord de l'aéroport. Quand l'avion volera-t-il au-dessus de l'ISTEAH?

(c) Quelle est la hauteur libre entre l'avion et l'ISTEAH à ce moment-là?

(9) Un sac de café du Grand Sud pesant 60 kg est suspendu à l'aide de deux câbles dont les extrémités sont attachées à deux gros clous stratégiquement placés aux points, $A = (0, -2, 1)$ et $B = (0, 2, 1)$, d'un mur. Le sac est à l'Origine.

(a) On suppose que la direction de la pesanteur soit $\vec{g} = \begin{bmatrix} 0 \\ 0 \\ -1 \end{bmatrix}$. Déterminer la force $\vec{F}$ exercée par la terre sur le sac.

(b) Quelles sont les forces exercées sur les clous?

(10) La trajectoire d'un système de deux particules de masses m_1, m_2, se déplaçant avec des vecteurs vitesse

$$\vec{v}_1 = \begin{bmatrix} 1 \\ 1 \\ 1 \end{bmatrix} \text{ et } \vec{v}_2 = \begin{bmatrix} 4 \\ 7 \\ 10 \end{bmatrix},$$

respectivement, est donnée par

$$\overrightarrow{OP} = m_1\vec{v}_1 + m_2\vec{v}_2.$$

Après une collision leurs vecteurs vitesse deviennent

$$\vec{w}_1 = \begin{bmatrix} 4 \\ 7 \\ 4 \end{bmatrix} \text{ et } \vec{w}_2 = \begin{bmatrix} 2 \\ 3 \\ 8 \end{bmatrix}.$$

En tenant compte de la loi de conservation de masse après la collision, expliquer ce que cette expérience révèle au sujet de la masse des particules.

(11) Classifier la surface géométrique définie par

$$\mathfrak{S} = \{P = (x, y, z) : ||\overrightarrow{OP}|| = 5\}.$$

Equation Paramétrique d'une Droite

L'équation $y = ax + b$ ne représente pas celle d'une droite dans l'espace, mais plutôt celle d'un plan. Dans l'espace $\mathbb{E}^3$, une droite est caractérisée par un point P_0, son origine, et un vecteur $\vec{v} \neq \vec{0}$, appelé *vecteur directeur ou vecteur vitesse*, sa direction. Son équation paramétrique dans l'espace vectoriel $\mathbb{E}^3_O$ prend cette forme-ci:

$$L(t) = \overrightarrow{OP_0} + t\vec{v}, \text{ où } t \in \mathbb{R}.$$

On peut interpréter cette équation comme étant la description de la position d'une particule se déplaçant à partir de P_0, selon un mouvement rectiligne dans la direction indiquée par celle de $\vec{v}$ et à une vitesse constante égale à $||\vec{v}||$. Bien entendu, la particule pourrait rebrousser chemin si nécessaire.

Plus précisément, on suppose que $P_0 = (a, b, c)$ et que $\vec{v} = v_1\vec{i} + v_2\vec{j} + v_3\vec{k}$; alors

$$\overrightarrow{OP_0} = a\vec{i} + b\vec{j} + c\vec{k} \text{ et } L(t) = (a + tv_1)\vec{i} + (b + tv_2)\vec{j} + (c + tv_3)\vec{k}.$$

Donc, si $P = (x, y, z) \in L(t)$ alors ses coordonnées se calculent ainsi:

$$\begin{cases} x &= a + tv_1 \\ y &= b + tv_2 \\ z &= c + tv_3. \end{cases}$$

Il s'ensuit donc que

$$\begin{cases} t &= \dfrac{x - v_1}{a} \\ t &= \dfrac{y - v_2}{b} \\ t &= \dfrac{z - v_3}{c}; \end{cases}$$

et l'on obtient la forme symétrique de l'équation d'une droite:

$$\frac{x - v_1}{a} = \frac{y - v_2}{b} = \frac{z - v_3}{c}.$$

Écrite de cette manière:

$$\begin{cases} \dfrac{x - v_1}{a} &= \dfrac{y - v_2}{b} \\ \dfrac{y - v_2}{b} &= \dfrac{z - v_3}{c}, \end{cases}$$

la forme symétrique indique que dans l'espace, il est nécessaire d'avoir deux équations cartésiennes en x, y et z pour définir une droite, alors qu'on peut le faire avec une seule équation paramétrique.

On admettra, facilement, que deux droites sont parallèles si elles ont la même direction; situées dans un même plan, elles sont perpendiculaires si leurs directions le sont aussi.

L'équaton d'une droite passant par deux points: $P = (a_p, b_p, c_p)$ et

$Q = (a_q, b_q, c_q)$ est entièrement déterminée par le point P et le vecteur:

$$\overrightarrow{PQ} = (a_q - a_p)\vec{i} + (b_q - b_p)\vec{j} + (c_q - c_p)\vec{k},$$

et s'écrira $L(t) = \overrightarrow{OP} + t\overrightarrow{PQ}$. (voir Figure 1.0.6) Les coordonnées de ses points seront:

$$\begin{cases} x = a + t(a_q - a_p) \\ y = b + t(b_q - b_p) \\ z = c + t(c_q - c_p) \end{cases}$$

Pour calculer l'intersection de deux droites

$$\begin{cases} x = a + tu_1 \\ y = b + tu_2 \\ z = c + tu_3. \end{cases} \text{ et } \begin{cases} x = d + sv_1 \\ y = e + sv_2 \\ z = f + sv_3, \end{cases}$$

on a qu'à résoudre ce système d'équations linéaires:

$$\begin{aligned} a + tu_1 &= d + sv_1 \\ b + tu_2 &= e + sv_2 \\ c + tu_3 &= f + sv_3 \end{aligned}$$

EXEMPLE 1.20. Pour calculer l'intersection de

$$\begin{cases} x = t + 1 \\ y = 5t + 6 \\ z = -2t. \end{cases} \text{ et } \begin{cases} x = 3s - 3 \\ y = s \\ z = s + 1. \end{cases}$$

Il faut résoudre

$$\begin{aligned} t + 1 &= 3s - 3 \\ 5t + 6 &= s \\ -2t &= s + 1. \end{aligned}$$

On résout les deux dernières équations du système pour trouver $t = -1$ et $s = 1$. Ces deux valeurs satisferont la première équation. Donc, le point d'intersection est bel et bien $(0, 1, 2)$.

□

Pour calculer l'intersection d'une droite,

$$\begin{cases} x &= a_0 + tu_1 \\ y &= b_0 + tu_2 \\ z &= c_0 + tu_3. \end{cases}$$

et d'un plan $ax + by + cz = d$ dans l'espace on a qu'à résoudre:

$$a(a_0 + tu_1) + b(b_0 + tu_2) + c(c_0 + tu_3) = d$$

EXEMPLE 1.21. Pour trouver l'intersection de

$$\begin{cases} x &= t + 5 \\ y &= -2t - 4 \\ z &= 3t + 7. \end{cases}$$

et du plan $3x + 2y - 7z = 2$ dans l'espace on a qu'à résoudre:

$$3(t + 5) + 2(2t - 4) - 7(3t + 7) = 2,$$

pour voir que $t = -2$ est une solution de la dernière équation. Donc, le point d'intersection est $(3, 0, 1)$.

□

FIGURE 1.0.6. Droite passant par deux points

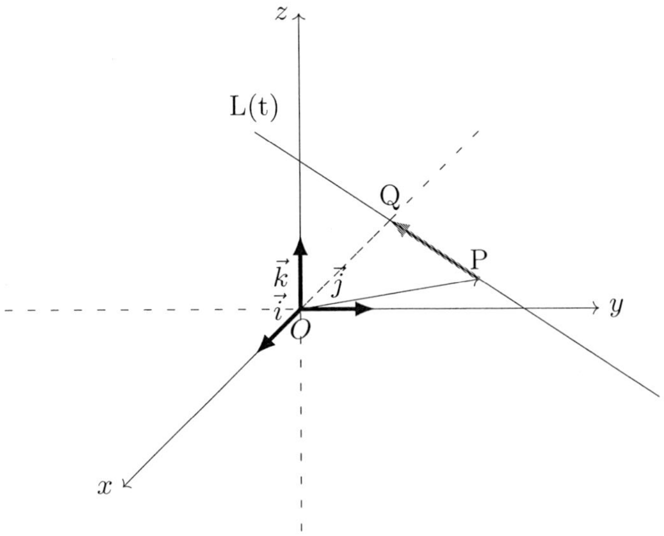

Exercices

(1) Soit $\vec{u} = \vec{i} - \vec{k}$, $\vec{v} = \vec{j}$ et $\vec{w} = \vec{i} + \vec{j} - \vec{k}$.

(a) Soit $\vec{b} = \begin{bmatrix} 5 \\ 6 \\ -5 \end{bmatrix}$; trouver trois nombres réels α, β, et γ tels que

$$\vec{b} = \alpha\vec{u} + \beta\vec{v} + \gamma\vec{w}.$$

En d'autres termes déterminer comment on peut exprimer $\vec{b}$ comme une combinaison linéaire des vecteurs $\vec{u}$, $\vec{v}$ et $\vec{w}$.

(b) Répéter (a) mais cette fois-ci avec $\vec{b} = \begin{bmatrix} 2 \\ 3 \\ 4 \end{bmatrix}$.

(c) Déterminer si l'ensemble $\{\vec{u}, \vec{v}, \vec{w}\}$ est une base de $\mathbb{E}^3_O$.

(2) Trouver l'équation paramétrique dans chaque cas:

(a) La droite passe par le point $P = (2, -1, 5)$ et est parallèle à $\vec{i}+3\vec{j}-6\vec{k}$.

(b) La droite passe par les points $P = (2, 1, 2)$ et $Q = (3, -1, 5)$.

(c) La droite passe par le point $P = (12, -2, 0)$ et est parallèle à $5\vec{i} - 12\vec{j} + \vec{k}$

(d) Trouver la forme symétrique des équations obtenues dans chaque cas.

(3) Déterminer si ces deux formes symétriques définissent la même droite:

$$\frac{x-1}{5} = \frac{y+2}{-3} = \frac{z+1}{4}$$

et

$$\frac{x-4}{10} = \frac{y-1}{-5} = \frac{z+5}{8}.$$

(4) Montrer que ces deux formes symétriques définissent la même droite:

$$\frac{x-2}{3} = \frac{y-1}{7} = \frac{z}{5}$$

et

$$\frac{x+1}{-6} = \frac{y+6}{-14} = \frac{z+5}{-10}.$$

(5) Déterminer si ces deux équations définissent la même droite:

$$\begin{cases} x &= 2t-5 \\ y &= 3t+2 \\ z &= 1-6t. \end{cases} \quad \text{et} \quad \begin{cases} x &= 1-2s \\ y &= 11-3s \\ z &= 6s-17. \end{cases}$$

(6) Le vol rectiligne d'un oiseau est simulé par l'équation: $\begin{cases} x &= 2t+7 \\ y &= t-2 \\ z &= 1-3t. \end{cases}$,

t désigne le temps mesuré en minute.

(a) Quel est le point départ de l'oiseau, et où se trouvera-t-il après trois minutes de vol?

(b) Trouver un vecteur parallèle à sa trajectoire.

(c) Quand l'oiseau atteindra-t-il le point $\left(\frac{34}{3}, \frac{1}{6}, -\frac{11}{2}\right)$?

(d) Passera-t-il par $(17, 4, -14)$?

(7) Trouver l'intersection de la droite

$$\begin{cases} x &= 3t-5 \\ y &= 2-t \\ z &= 6t. \end{cases}$$

et du plan $x + 3y - z = 19$.

(8) Trouver l'intersection de la droite

$$\begin{cases} x &= 3t-5 \\ y &= 2-t \\ z &= 6t. \end{cases}$$

et des plans $x = 0$, $y = 0$ et $z = 0$.

(9) Montrer que la droite

$$\frac{x-3}{-2} = y - 5 = \frac{z+2}{3}$$

est contenue dans le plan $3x + 3y + z = 22$.

(10) Soit a, b et c trois nombres réels non nuls. Montrer que la droite

$$\begin{cases} x = a + at \\ y = b \\ z = c + ct \end{cases}$$

est contenue dans la surface:

$$\frac{x^2}{a^2} + \frac{y^2}{b^2} - \frac{z^2}{c^2} = 1.$$

(11) Déterminer si ces deux droites s'intersectent

$$\begin{cases} x = 2t + 1 \\ y = -3t \\ z = t - 1. \end{cases} \text{ et } \begin{cases} x = 3s + 1 \\ y = s + 5 \\ z = 7 - s. \end{cases}$$

(12) Cacluler la distance du point $(-2, 1, 5)$ à la droite

$$L(t)(3t - 5)\vec{i} + (1 - t)\vec{j} + (4t + 7)\vec{k}.$$

(La distance d'un point à une droite est la plus courte distance séparant ce point et un point courant de la droite.)

Produit Scalaire

Le *produit scalaire* est une application de $\mathbb{E}_O^3 \times \mathbb{E}_O^3$ vers $\mathbb{R}$. On pose $\vec{u} = \begin{bmatrix} u_1 \\ u_2 \\ u_3 \end{bmatrix}$ et $\vec{v} = \begin{bmatrix} v_1 \\ v_2 \\ v_3 \end{bmatrix}$, et on définit le produit scalaire de $\vec{u}$ et $\vec{v}$ algébriquement comme

$$\langle \vec{u}, \vec{v} \rangle = u_1 v_1 + u_2 v_2 + u_3 v_3.$$

Il a été inventé pour calculer la valeur de certains paramètres géométriques, comme l'angle entre deux vecteurs, la distance d'un point à une droite ou un plan, le volume d'un parallépipède, la position d'un plan dans l'espace etc. Il est aussi généralisable à d'autres espaces comme celui des fonctions intégrables sur l'intervalle $[a, b]$ par exemple, où il apparaît sous la forme de

$$\langle f, g\rangle = \int_a^b f(x)g(x)dx.$$

Cette dernière interprétation s'applique majestueusement à la propagation de la chaleur (Théorie de Fourier), au traitement des signaux, des sons, et des ondes magnétiques. En gros, elle régit quasiment tout ce qui a trait au développement et au fonctionement des sociétés modernes.

Les propriétés suivantes faciliteront le calcul sur $\mathbb{E}^3_O$.

PROPOSITION 1.22. *Soit* $\vec{u}, \vec{v}, \vec{w} \in \mathbb{E}^3_O$ *et* $\lambda \in \mathbb{R}$; *alors*

(1) $\langle \vec{u}, \vec{u}\rangle \geq 0$, *et* $\langle \vec{u}, \vec{u}\rangle = 0 \iff \vec{u} = \vec{0}$;
(2) $\langle \vec{u}, \vec{v}\rangle = \langle \vec{v}, \vec{u}\rangle$;
(3) $\langle \vec{u}, \vec{v} + \vec{w}\rangle = \langle \vec{u}, \vec{v}\rangle + \langle \vec{u}, \vec{w}\rangle$
(4) $\langle \lambda\vec{u}, \vec{v}\rangle = \langle \vec{u}, \lambda\vec{v}\rangle = \lambda \langle \vec{u}, \vec{v}\rangle$.

DÉMONSTRATION. Nous ne démontrons que la première propriété. Les autres sont laissées aux soins du lecteur. On suppose que $\vec{u} = \begin{bmatrix} u_1 \\ u_2 \\ u_3 \end{bmatrix}$ et on calcule

$$\langle \vec{u}, \vec{u}\rangle = u_1^2 + u_2^2 + u_3^2 = ||\vec{u}||^2 \geq 0;$$

on sait déjà que $||\vec{u}|| = 0 \iff \vec{u} = \vec{0}$.

□

La signification géométrique du produit scalaire dérive de ce théorème. (voir Figure 1.0.7)

THÉORÈME 1.23. *Soit* θ *l'angle entre deux vecteurs* $\vec{u}$ *et* $\vec{v}$; *on a*

$$\langle \vec{u}, \vec{v}\rangle = ||\vec{u}||||\vec{v}|| \cos\theta.$$

DÉMONSTRATION. Si $\vec{u}$ ou $\vec{v}$ est nul alors l'assertion est une tautologie de la forme $0 = 0$. Donc, il convient d'avancer l'hypothèse selon laquelle $\vec{u} \neq \vec{0}$ et $\vec{v} \neq \vec{0}$. Dans ce cas-là, la loi des cosinus permet décrire (voir Figure 1.0.7)

$$||\vec{w}||^2 = ||\vec{u}||^2 + ||\vec{v}||^2 - 2||\vec{u}||||\vec{v}|| \cos\theta$$

$$\Updownarrow$$

$$2||\vec{u}||||\vec{v}||\cos\theta = ||\vec{u}||^2 + ||\vec{v}||^2 - ||\vec{w}||^2 = \langle\vec{u},\vec{u}\rangle + \langle\vec{v},\vec{v}\rangle - \langle\vec{w},\vec{w}\rangle$$

Puisque $\vec{w} = \vec{v} - \vec{u}$, on a

$$\begin{aligned}\langle\vec{w},\vec{w}\rangle &= \langle\vec{v}-\vec{u},\vec{v}-\vec{u}\rangle \\ &= \langle\vec{v}-\vec{u},\vec{v}\rangle + \langle\vec{v}-\vec{u},\vec{u}\rangle \\ &= \langle\vec{v},\vec{v}\rangle - \langle\vec{u},\vec{v}\rangle - \langle\vec{v},\vec{u}\rangle + \langle\vec{u},\vec{v}\rangle\,.\end{aligned} \tag{1.2}$$

On remplace la nouvelle valeur de $\langle\vec{w},\vec{w}\rangle$ dans l'equation précédente pour obtenir:

$$2||\vec{u}||||\vec{v}||\cos\theta = \langle\vec{u},\vec{v}\rangle + \langle\vec{v},\vec{u}\rangle = 2\,\langle\vec{u},\vec{v}\rangle\,.$$

$$\Updownarrow$$

$$\langle\vec{u},\vec{v}\rangle = ||\vec{u}||||\vec{v}||\cos\theta.$$

□

FIGURE 1.0.7. Aspect géométrique du produit scalaire $\langle\vec{u},\vec{v}\rangle = ||\vec{u}||||\vec{v}||\cos\theta$.

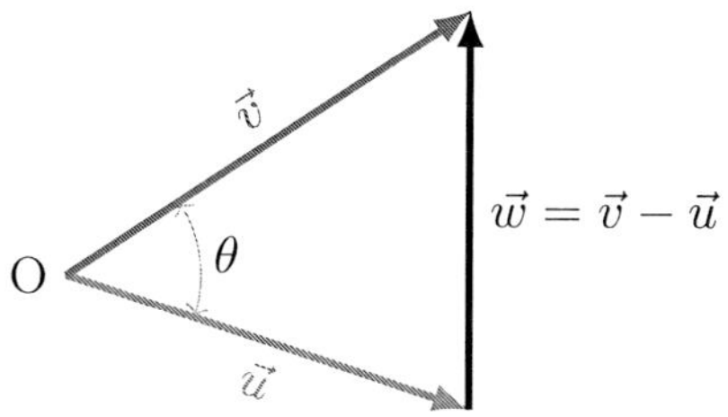

REMARQUE 1.24. Il y a au moins trois autres notations pour désigner le produit scalaire. Pour le reste du module on utilisera plutôt $\vec{u}\cdot\vec{v}$ au lieu de $\langle\vec{u},\vec{v}\rangle$. Cette nouvelle notation facilite l'écriture. Cependant, la premiře est très courante dans les manuels avancés, d'ou son introduction au début de cette section.

La formule

$$\theta = \cos^{-1}\frac{\vec{u}\cdot\vec{v}}{||\vec{u}||||\vec{v}||}$$

calcule la valeur de l'angle entre les vecteurs $\vec{u}$ et $\vec{v}$.

Il émane du thòreme 1.23 que

$$\vec{u}\cdot\vec{v} = 0 \iff \cos\theta = 0,$$

c'est-à-dire si et seulement si $\vec{u}$ et $\vec{v}$ sont perpendiculaires ou *orthogonaux.* Ce qui est dénoté par $\vec{u} \perp \vec{v}$. Il s'ensuit que $\vec{0}$ est perpendiculaire à tout vecteur de $\mathbb{E}^3_O$. De même, si $\vec{u} \cdot \vec{v} = \pm||\vec{u}||||\vec{v}||$, alors $\vec{u}$ et $\vec{v}$ sont colinéaires.

Observer que les vecteurs $\vec{i}$, $\vec{j}$, et $\vec{k}$ sont mutuellement orthogonaux et de norme 1. On dit, alors, que $(O, \vec{i}, \vec{j}, \vec{k})$ est un repère *orthonormal.*

Un corollaire du théorème 1.23 est l'inégalité de Cauchy-Schwarz:

$$|\vec{u} \cdot \vec{v}| \leq ||\vec{u}||||\vec{v}|| \text{ parce que } -1 \leq \cos\theta \leq 1.$$

L'inégalité triangulaire émane de celle de Cauchy-Schwarz.

LEMME 1.25. *Soit $\vec{u}$ et $\vec{v}$ des vecteurs de $\mathbb{E}^3_O$; alors*

$$||\vec{u} + \vec{v}|| \leq ||\vec{u}|| + ||\vec{v}||.$$

DÉMONSTRATION.

$$\begin{aligned} ||\vec{u} + \vec{v}||^2 &= (\vec{u} + v) \cdot (\vec{u} + \vec{v}) \\ &= ||\vec{u}||^2 + 2\vec{u} \cdot \vec{v} + ||v||^2 \\ &\leq ||\vec{u}||^2 + 2||\vec{u}||||\vec{v}|| + ||v||^2 \end{aligned} \tag{1.3}$$

La dernière inégalité implique que

$$||\vec{u} + \vec{v}|| \leq \sqrt{(||\vec{u}|| + ||\vec{v}||)^2} = ||\vec{u}|| + ||\vec{v}||.$$

□

EXEMPLE 1.26. Si $\vec{u} = \vec{i} + \vec{j}$ et $\vec{v} = \vec{j} - \vec{k}$ alors

$$\theta = \cos^{-1} \frac{(\vec{i} + \vec{j}) \cdot (\vec{j} - \vec{k})}{||\vec{i} + \vec{j}||||\vec{j} - \vec{k}||} = \cos^{-1} \frac{1}{\sqrt{2}\sqrt{2}} = \cos^{-1} \frac{1}{2} = \frac{\pi}{3}.$$

□

PROJECTION ET RÉFLEXION ORTHOGONALES

On sait qu'en général il est plus facile de tirer ou de pousser une brouette à quatre roues vers le bas d'une colline (voir Figure 1.0.8). Si on accepte de négliger le glissement, alors la seule force qui agit sur la brouette est la pesanteur dont la composante dans la direction de la trajectoire de la brouette est calculée par le biais de la Trigonométrie. Les propriétés géométriques du produit scalaire nous permettront de généraliser ce type de calculs.

FIGURE 1.0.8. Objet sur un plan incliné.

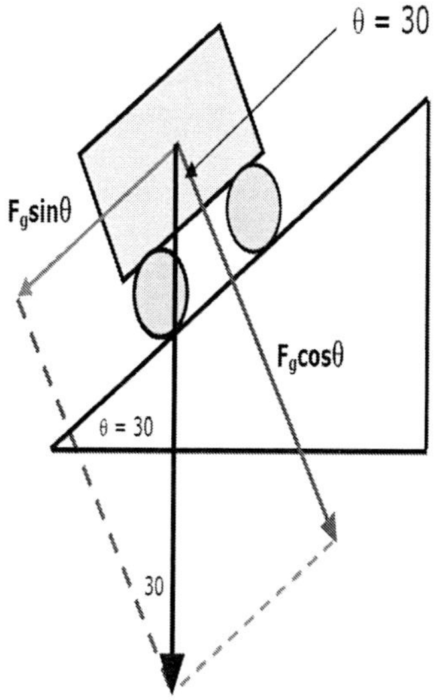

DÉFINITION 1.27. Soit $\vec{u}$ et $\vec{v}$ deux vecteurs dans l'espace, toujours représentés à l'Origine (voir Figure 1.0.9). La projection orthogonale de $\vec{v}$ sur la droite D générée par $\vec{u}$ est le vecteur $v^{\|} = k\vec{u}$ défini par le pied de la perpendiculaire à la droite D qui passe par V, l'autre extrémité de $\vec{v}$; k est un nombre réel.

FIGURE 1.0.9. $\vec{v}^{\|}$ est la projection orthogonale de $\vec{v}$ sur $\vec{u}$

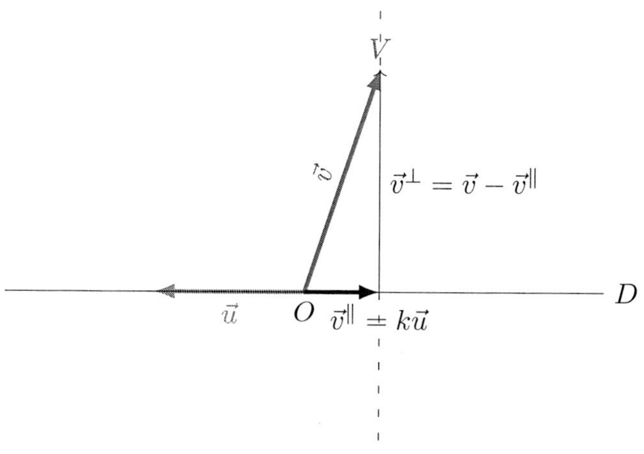

LEMME 1.28. *Soit $\vec{u}$ et $\vec{v}$ deux vecteurs dans l'espace; alors la projection $\vec{v}^{\|}$ de $\vec{v}$ sur $\vec{u}$ est donnée par la formule:* $\vec{v}^{\|} = \left(\frac{\vec{v} \cdot \vec{u}}{\vec{u} \cdot \vec{u}}\right)\vec{u}$.

DÉMONSTRATION. Puisque $\vec{v}^{\|}$ et $\vec{v}^{\perp}$ sont des vecteurs orthogonaux, leur produit scalaire est nul. Donc, on a

$$(\vec{v}-\vec{v}^{\|})\cdot\vec{v}^{\|}=(\vec{v}-k\vec{u})\cdot k\vec{u}=k\vec{v}\cdot\vec{u}-k^2(\vec{u}\cdot\vec{u})=k(\vec{v}\cdot\vec{u}-k(\vec{u}\cdot\vec{u}))=0.$$

Si $k=0$, alors on voit clairement que $\vec{v}$ est perpendiculaire à $\vec{u}$. Si $k\neq 0$, alors

$$\vec{v}\cdot\vec{u}-k(\vec{u}\cdot\vec{u})=0 \iff k=\frac{\vec{v}\cdot\vec{u}}{\vec{u}\cdot\vec{u}}.$$

□

La formule précédente se simplifie pour devenir $\vec{v}^{\|}=(\vec{v}\cdot\vec{u})\vec{u}$, si $\vec{u}$ est un vecteur unitaire.

DÉFINITION 1.29. Soit $\vec{u}$ et $\vec{v}$ deux vecteurs dans l'espace, toujours représentés à l'Origine (voir Figure 1.0.10). La réflexion ou la symérie orthogonale de $\vec{v}$ par rapport la droite D générée par $\vec{u}$ est le vecteur $rfl_D(\vec{v})=\overrightarrow{OV'}$ tel que D soit la médiatrice du segment $[VV']$ si $V\not\subseteq D$, et $V=V'$ si $V\subseteq D$.

FIGURE 1.0.10. Réflexion ou symétrie orthogonale de $\vec{v}$ par rapport à $\vec{u}$.

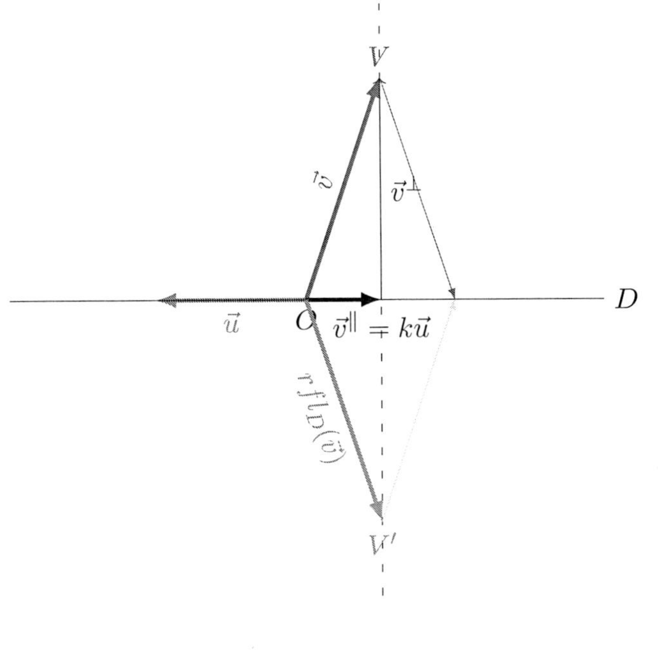

LEMME 1.30. *Soit $\vec{u}$ et $\vec{v}$ deux vecteurs dans l'espace, toujours représentés à l'Origine (voir Figure 1.0.10). La réflexion ou la symérie orthogonale de $\vec{v}$ par rapport la droite D générée par $\vec{u}$ est égale au double de la projection de $\vec{v}$ sur $\vec{u}$, moins $\vec{v}$.*

$$rfl_D(\vec{v}) = 2\vec{v}^{||} - \vec{v}.$$

DÉMONSTRATION. Il est clair que

$$rfl_D(\vec{v}) = \vec{v}^{||} - \ v^{\perp} = \vec{v}^{||} - (\vec{v} - \vec{v}^{||}) = 2\vec{v}^{||} - \vec{v} = 2\left(\frac{\vec{v}\cdot\vec{u}}{\vec{u}\cdot\vec{u}}\right)\vec{u} - \vec{v}.$$

□

Si $||\vec{u}|| = 1$, alors $rfl_D(\vec{v}) = 2(\vec{v}\cdot\vec{u})\vec{u} - \vec{v}$.

REMARQUE 1.31. Il convient de noter que la projection orthogonale d'un point P sur une droite D est équivalante à celle du vecteur $\overrightarrow{OP}$ sur D, et que la réflexion orthogonale de P par rapport à D est celle de $\overrightarrow{OP}$ par rapport à D.

1.0.1. Représentations matricielles. La projection et la symétrie orthogonales sont des propriétés intrinsèques à la droite D. Pour simplifier les notations, on suppose que $\vec{u}$ soit un vecteur unitaire. Nous allons montrer que D est dotée de deux matrices servant à projeter orthogonalement sur elle, et à caluler l'image de la symétrie orthogonale par rapport à elle.

On suppose que $\vec{u} = \begin{bmatrix} u_1 \\ u_2 \\ u_3 \end{bmatrix}$ et $\vec{v} = \begin{bmatrix} v_1 \\ v_2 \\ v_3 \end{bmatrix}$. Alors

$$
\begin{aligned}
v^{\|} &= (u_1v_1 + u_2v_2 + u_3v_3)\begin{bmatrix} u_1 \\ u_2 \\ u_3 \end{bmatrix} \\
&= \begin{bmatrix} u_1^2v_1 + u_2v_2u_1 + u_3v_3u_1 \\ u_1v_1u_2 + u_2^2v_2 + u_2u_3v_3 \\ u_1v_1u_3 + u_2v_2u_3 + u_3^2v_3 \end{bmatrix} \\
&= \begin{bmatrix} u_1^2 & u_1u_2 & u_1u_3 \\ u_1u_2 & u_2^2 & u_2u_3 \\ u_1u_3 & u_2u_3 & u_3^2 \end{bmatrix}\begin{bmatrix} v_1 \\ v_2 \\ v_3 \end{bmatrix} \\
&= \begin{bmatrix} u_1^2 & u_1u_2 & u_1u_3 \\ u_1u_2 & u_2^2 & u_2u_3 \\ u_1u_3 & u_2u_3 & u_3^2 \end{bmatrix}\vec{v}
\end{aligned}
\tag{1.4}
$$

La projection orthogonale de $\vec{v}$ sur D correspond à la multiplication de $\vec{v}$ par la matrice

$$
Proj_D = \begin{bmatrix} u_1^2 & u_1u_2 & u_1u_3 \\ u_1u_2 & u_2^2 & u_2u_3 \\ u_1u_3 & u_2u_3 & u_3^2 \end{bmatrix}
$$

qui ne dépend que de $\vec{u}$.

Il est aussi facile de voir que la matrice de réflexion est donnée par

$$
Rfl_D = \begin{bmatrix} 2u_1^2 - 1 & 2u_1u_2 & 2u_1u_3 \\ 2u_1u_2 & 2u_2^2 - 1 & 2u_2u_3 \\ 2u_1u_3 & 2u_2u_3 & 2u_3^2 - 1 \end{bmatrix}.
$$

Si $\vec{u}$ n'est pas un vecteur unitaire, et si pour une raison ou pour une autre on choisit de ne pas travailler avec un vecteur unitaire colinéaire $\dfrac{\vec{u}}{||\vec{u}||}$ alors les formules précédentes deviennent:

$$
Proj_D = \frac{1}{u_1^2 + u_2^2 + u_3^2}\begin{bmatrix} u_1^2 & u_1u_2 & u_1u_3 \\ u_1u_2 & u_2^2 & u_2u_3 \\ u_1u_3 & u_2u_3 & u_3^2 \end{bmatrix}
$$

et

$$
Rfl_D = \frac{2}{u_1^2 + u_2^2 + u_3^2}\begin{bmatrix} u_1^2 & u_1u_2 & u_1u_3 \\ u_1u_2 & u_2^2 & u_2u_3 \\ u_1u_3 & u_2u_3 & u_3^2 \end{bmatrix} - \begin{bmatrix} 1 & 0 & 0 \\ 0 & 1 & 0 \\ 0 & 0 & 1 \end{bmatrix}
$$

REMARQUE 1.32. On admettra sans trop de difficulté que les calculs que nous venons d'effectuer ont produit une formule pour connaître la distance d'un point P à une droite D. Il suffit, en effet, de trouver la norme de $\overrightarrow{OP}^{\perp}$ qui est donnée par $||\overrightarrow{OP} - \overrightarrow{OP}^{\parallel}||$.

DÉMONSTRATIONS VECTORIELLES

Puisque la Géométrie vectorielle est un modèle pour les axiomes de la Géométrie de l'Espace, on doit s'attendre à ce qu'elle apporte des réponses à certaines questions qui relèvent de cette dernière. C'est ce que nous allons voir.

EXEMPLE 1.33. Dans un triangle, la droite qui joint les milieux de deux côtés est parallèle au troisième et en mesure la moitié.

On commence par vectorialiser le problème comme en Figure 1.0.11.

FIGURE 1.0.11.

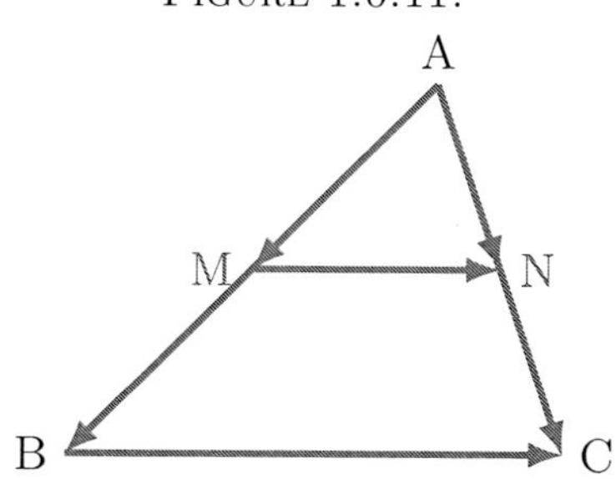

Et on calcule directement

$$\overrightarrow{MN} = \overrightarrow{AN} - \overrightarrow{AM} = \frac{1}{2}\overrightarrow{AC} - \frac{1}{2}\overrightarrow{AB} = \frac{1}{2}(\overrightarrow{AC} - \overrightarrow{AB}) = \frac{1}{2}\overrightarrow{BC}.$$

On voit donc que $\overrightarrow{MN} \parallel \overrightarrow{BC}$ et que $||\overrightarrow{MN}|| = \frac{1}{2}||\overrightarrow{BC}||$.

□

FIGURE 1.0.12.

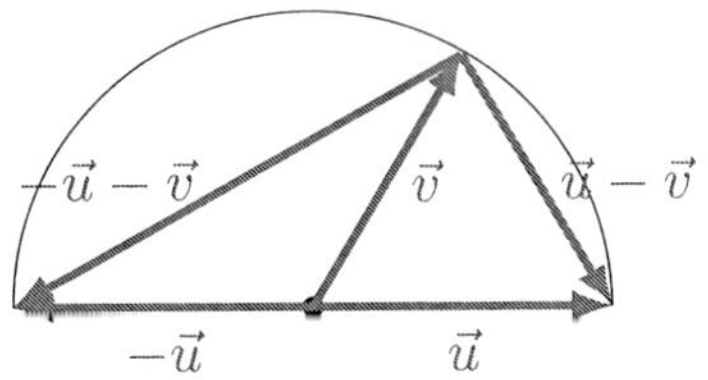

EXEMPLE 1.34. Théorème de Thalès de Milet (625-546 avant J.-C.): *Tout angle inscrit dans un demi-cercle est droit.*

Figure 1.0.12 est la version vectorielle du problème. On n'y voit aussi que $||\vec{u}|| = ||\vec{v}|| = r$, le rayon du semi-cercle. On s'exécutera une fois qu'on aura démontré que $(\vec{u}-\vec{v})\cdot(-\vec{u}-\vec{v}) = 0$.

Encore une fois, on opère par calcul direct:

$$\begin{aligned}(\vec{u}-\vec{v})\cdot(-\vec{u}-v) &= (-1)(\vec{u}-\vec{v})\cdot(\vec{u}+\vec{v})\\ &= (-1)((\vec{u}-\vec{v})\cdot\vec{u}+(\vec{u}-\vec{v})\cdot\vec{v})\\ &= (-1)(\vec{u}\cdot\vec{u}-\vec{v}\cdot\vec{u}+\vec{u}\cdot\vec{v}-\vec{v}\cdot\vec{v})\\ &= (-1)(||\vec{u}||^2-||\vec{v}||^2)\\ &= 0.\end{aligned} \tag{1.5}$$

Exercices

(1) Dans chaque cas, calculer $\vec{u}\cdot\vec{v}$, $||\vec{u}||$, $||\vec{v}||$, l'angle θ entre $\vec{u}$ et $\vec{v}$, la projection orthogonale de $\vec{v}$ sur la droite engendrée par $\vec{u}$, et la réflexion orthogonale de $\vec{u}$ par rapport à la droite engendrée par $\vec{v}$:

(a) $\vec{u} = i+\vec{j}$, $\vec{v} = \vec{i}+\vec{j}+\vec{k}$;

(b) $\vec{u} = i+\vec{j}-\vec{k}$, $\vec{v} = -\vec{i}+2\vec{j}+2\vec{k}$;

(c) $\vec{u} = i+\vec{j}+2\vec{k}$, $\vec{v} = 2\vec{i}-4\vec{j}+\vec{k}$;

(d) $\vec{u} = \begin{bmatrix}1\\-2\\3\end{bmatrix}, \vec{v} = \begin{bmatrix}3\\-6\\-5\end{bmatrix}.$

(2) Calculer la distance de $(1, -2, 3)$ à chacune de ces deux droites:

$$\begin{cases} x &= 2t+1 \\ y &= -3t \\ z &= t-1. \end{cases} \quad \text{et} \quad \begin{cases} x &= 3t+1 \\ y &= t+5 \\ z &= 7-t. \end{cases}$$

(3) Existe-t-il des cas où une projection orthogonale de $\vec{v}$ sur la droite engendrée par $\vec{u}$ est égale à celle de $\vec{u}$ sur la droite engendrée par $\vec{v}$? Expliquer.

(4) Trouver trois vecteurs non parallèles, mais tous perpendiculaires au vecteur $\vec{i} - \vec{j} + \vec{k}$.

(5) Trouver un vecteur unitaire qui s'oriente dans la direction opposée à celle de $-\vec{i} + 2\vec{k}$.

(6) Démontrer les autres propriétés du produit scalaire énoncées dans la proposition 1.22.

(7) Dans chaque cas, trouver les matrices de projection et de réflexion orthogonales de $\vec{u}$, et les utiliser pour calculer la projection orthogonale de $\vec{v}$ sur $\vec{u}$ et la réflexion orthogonale du point P par raport à $\vec{u}$.

(a) $\vec{u} = i + \vec{j}$, $\vec{v} = \vec{i} + \vec{j} + \vec{k}$, $P = (2, 1, 0)$;

(b) $\vec{u} = i + \vec{j} - \vec{k}$, $\vec{v} = -\vec{i} + 2\vec{j} + 2\vec{k}$, $P = (2, 4, -6)$;

(c) $\vec{u} = i + \vec{j} + 2\vec{k}$, $\vec{v} = 2\vec{i} - 4\vec{j} + \vec{k}$, $P = (-1, 0, 7)$;

(d) $\vec{u} = \begin{bmatrix} 1 \\ -2 \\ 3 \end{bmatrix}, \vec{v} = \begin{bmatrix} 3 \\ -6 \\ -5 \end{bmatrix}$, $P = (0, -3, 2)$.

(8) En physique, le travail $W(\vec{F})$ d'une constante force $\vec{F}$ est l'énergie fournie par cette force lorsque son point d'application se déplace. Il est responsable de la variation de l'énergie cinétique $E_c = \frac{1}{2}mv^2$. C'est le produit de la longueur du déplacement par la composante de $\vec{F}$ dans la direction du déplacement (voir Figure1.0.13).

(a) Montrer que $W(\vec{F}) = \vec{F} \cdot \overrightarrow{PQ}$.

(b) Calculer le travail effectué par $\vec{F} = \vec{i} + 5\vec{j} + 2\vec{k}$ pour faire mouvoir une particule de $(1, -1, 1)$ à $(2, 0, -1)$.

(9) Un réfrigérateur est traîné par une corde avec une force de 267 Newtons sur une distance de 4 mètres. Le frottement étant négligeable, calculer le travail effectué si l'angle entre la corde et le sol horizontal mesure 20°.

FIGURE 1.0.13.

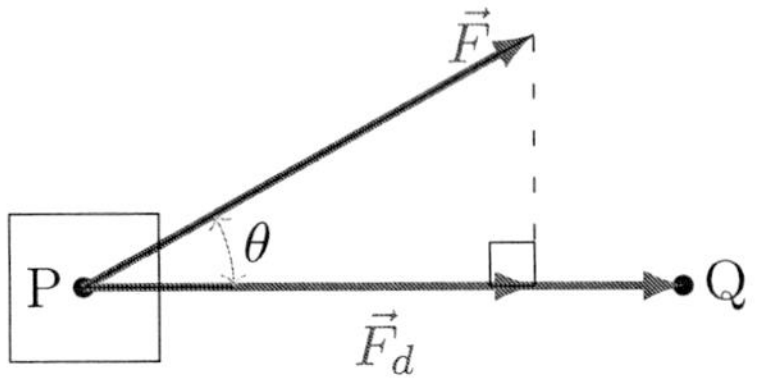

(10) Quel est le travail nécessaire pour tirer une brouette remplie de 250 kilogrammes de mangues sur une distance de 12 mètres? On supposera que le mouvement commence au bas d'une colline qui fait un angle de 30° avec l'horizontale.

Raisonner à partir des représentations vectorielles pour résoudre le reste des exercices.

(11) Soit A, B, C les sommets d'un triangle, et un nombre réel r tel que $0 < r < 1$. On suppose que M_1 soit un point du segment $[AB]$ situé à rd_1 où d_1 est la longueur du segment $[AC]$, et M_2 soit un point du segment $[AB]$ situé à rd_2 où d_2 est la longueur du segment $[AC]$. Montrer que les segments $[M_1M2]$ et $[BC]$ sont parallèles et que la longueur de $[M_1M_2]$ est égale à rd_3 où d_3 est la longueur du segment $[BC]$.

(12) Soit A, B, C et D quatre points de l'espace $\mathbb{E}^3$ tels que trois d'entre eux ne soient pas alignés. Alors ABCD est un quadrilatère. On suppose que M_1, M_2, M_3 et M_4 soient les milieux des côtés du quadrilatère. Montrer que $M_1M_2M_3M_4$ est un parallélogramme.

(13) Montrer que les diagonales d'un parallélogramme sont de même longueur si et seulement si ce parallélogramme est un rectangle.

(14) Déterminer si $||\vec{v}||\vec{u} + ||\vec{u}||\vec{v}$ et $||\vec{v}||\vec{u} - ||\vec{u}||\vec{v}$ sont orthogonaux.

(15) Montrer que $||\vec{v}||\vec{u} + ||\vec{u}||\vec{v}$ est la bissectrice de l'angle entre $\vec{u}$ et $\vec{v}$.

(16) Soit A, B, C les sommets d'un triangle, et M_1, M_2 les milieux des côtés $[AB]$ et $[AC]$ respectivement. Donc, $[BM_2]$ et $[CM_1]$ sont deux médianes du triangle.

(a) Exprimer $\overrightarrow{BM_2}$ et $\overrightarrow{CM_1}$ en termes des vecteurs $\overrightarrow{AB}$ et $\overrightarrow{AC}$.

(b) Soit P le point d'intersection des segments $[BM_2]$ et $[CM_1]$. Exprimer $\overrightarrow{BP}$ et $\overrightarrow{CP}$ en termes des vecteurs $\overrightarrow{AB}$ et $\overrightarrow{AC}$.

(c) On sait que $\overrightarrow{CB} = \overrightarrow{CP} + \overrightarrow{PB} = \overrightarrow{CA} + \overrightarrow{AB}$; montrer que la distance de P à B est deux tiers de celle de B à M_2, et celle de P à C est deux tiers de celle de C à M_1.

(d) Conclure que P doit être l'intersection des trois médianes du triangle.

(17) Soit $A = (x_a, y_a, z_a)$ et $B = (x_b, y_b, z_b)$; donner une équation paramétrique du segment $[AB]$.

Produit Vectoriel

Le *produit* vectoriel de deux vecteurs $\vec{u}$ et $\vec{v}$ émana des travaux de Hamilton sur les quaternions et de ceux de Grassmann au milieu du XIXe siècle. Leurs idées furent reprises et formalisées par Maxwell, Clifford, et très spécialement par Gibbs dans son livre «*Elements of Vector Analysis Arranged for the Use of Students of Physics*» en 1881. Contrairement au produit scalaire, le produit vectoriel est une application de $\mathbb{E}^3_O \times \mathbb{E}^3_O$ dans $\mathbb{E}^3_O$, donc une loi de composition interne. Il offre de nombreux champs d'application en Mathématique, Physique et d'autres branches scientifiques.

Définition 1.35. Soit $\vec{u}$, $\vec{v}$ deux vecteurs, et $0 \leq \theta < \pi$ leur angle ; leur produit vectoriel, $\vec{u} \wedge \vec{v}$ ou $\vec{u} \times \vec{v}$, est un vecteur tel que

- $||u \wedge \vec{v}|| = ||\vec{u}||||\vec{v}|| \sin\theta$, ou l'aire du parallélogramme engendré par $\vec{u}$ et $\vec{v}$ (voir Figure 1.0.16);
- $\vec{u} \wedge \vec{v}$ est orthogonal à $\vec{u}$ et $\vec{v}$ et son sens est défini par les équations:

$$\vec{i} \wedge \vec{j} = \vec{k} \quad \vec{j} \wedge \vec{k} = \vec{i} \quad \vec{k} \wedge \vec{i} = \vec{j}. \tag{1.6}$$

Ces équations orientent l'espace vectoriel $\mathbb{E}^3_O$ (voir Figure 1.0.14) et les vecteurs $\vec{i}$, $\vec{j}$ et $\vec{k}$ forment une base directe. Le sens positif de l'orientation est défini par la rotation de droite à gauche.

On peut employer une version de la *règle de la main droite* pour déterminer les directions (voir Figure 1.0.14). Elle imite un tire-bouchon. L'index indique le sens de la rotation, et le pouce celui du déplacement.

Le produit vectoriel possède les propriétés suivantes:

Proposition 1.36. *Soit $\vec{u}$, v, $\vec{w}$ trois vecteurs, et λ un nombre réel; alors*

FIGURE 1.0.14. Base directe de $\mathbb{E}^3_O$

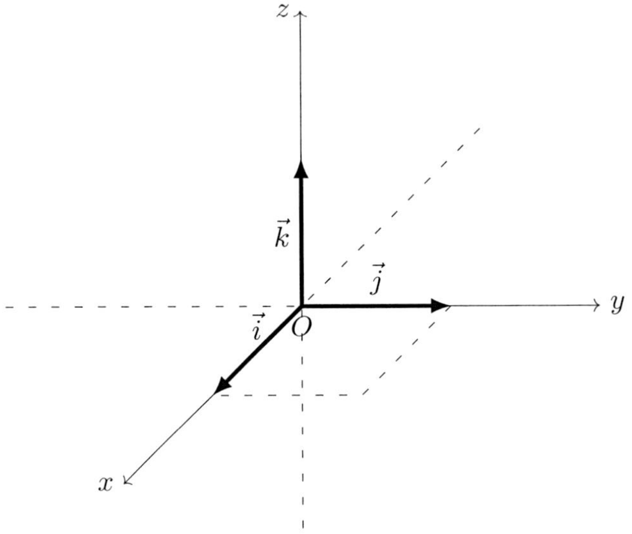

FIGURE 1.0.15. Règle de la main droite.

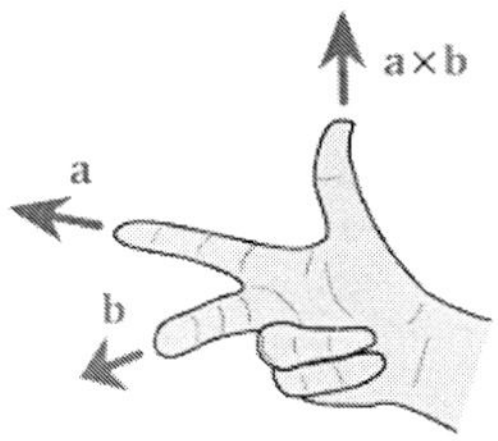

FIGURE 1.0.16. $||\vec{u} \wedge \vec{v}||$ = aire du parallélogramme engendré par $\vec{u}$ et $\vec{v}$.

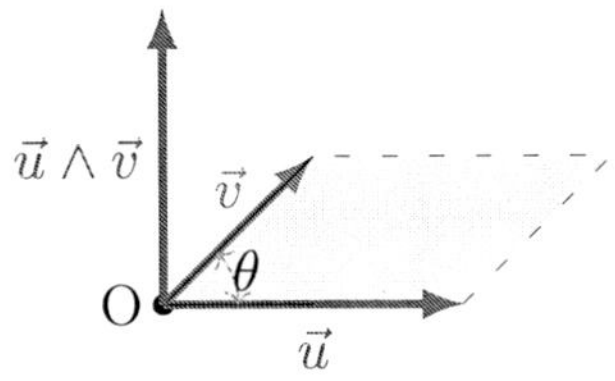

(1) $\vec{u} \wedge \vec{v} = -\vec{v} \wedge \vec{u}$; *[anti-commutativité]*
(2) $u \wedge (\vec{v} + \vec{w}) = \vec{u} \wedge \vec{v} + \vec{u} \wedge \vec{w}$; *[distributivité]*
(3) $(\vec{v} + \vec{w}) \wedge \vec{u} = \vec{v} \wedge \vec{u} + \vec{w} \wedge \vec{u}$; *[distributivité]*
(4) $\lambda(\vec{u} \wedge \vec{v}) = (\lambda\vec{u}) \wedge \vec{v} = \vec{u} \wedge (\lambda\vec{v})$.

DÉMONSTRATION. On démontrera les propriétés (1) et (4). Les deux autres sont laissées aux soins de la lectrice.

(1) Puisqe $||\vec{u} \wedge \vec{v}|| = ||\vec{v} \wedge \vec{u}||$, la première propriété est une conséquence de l'orientation de l'espace par la base directe, ou de la règle de la main droite. (voir Figures 1.0.17)

(2) (lecteur) voir **[C]**, **[R]**.
(3) (lectrice) voir **[C]**, **[R]**.

(4) On commence par démontrer que $\lambda(\vec{u} \wedge \vec{v}) = (\lambda\vec{u}) \wedge \vec{v}$. Si $\vec{u}$ ou $\vec{v}$ est égal à $\vec{0}$ alors $\lambda(\vec{u} \wedge \vec{v}) = (\lambda\vec{u}) \wedge \vec{v} = 0$ parce que $||\vec{0}|| = 0$. On suppose donc, que $\vec{u}$ et $\vec{v}$ soient des vecteurs non nuls. On considère trois cas.
   (a) Supposons $\lambda = 0$. Alors $\lambda(\vec{u} \wedge \vec{v}) = (\lambda\vec{u}) \wedge \vec{v} = \vec{0}$.

   (b) Supposons $\lambda > 0$, et soit θ l'angle de $\vec{u}$ et $\vec{v}$ (et celui de $\lambda\vec{u}$ et $\vec{v}$ aussi). Alors $\lambda(\vec{u} \wedge \vec{v})$ et $(\lambda\vec{u}) \wedge \vec{v}$ ont la même direction et le même sens que $\vec{u} \wedge \vec{v}$, et on calcule directement

$$\begin{aligned} ||(\lambda\vec{u}) \wedge \vec{v}|| &= ||(\lambda\vec{u})||\,||\vec{v}|| \sin\theta \\ &= \lambda||\vec{u}||\,||\vec{v}|| \sin\theta \\ &= \lambda||\vec{u} \wedge \vec{v}|| \\ &= ||\lambda(\vec{u} \wedge \vec{v})||. \end{aligned} \tag{1.7}$$

   Puisqu'ils ont la même direction, le même sens et la même norme, il nous faut conclure que $\lambda(\vec{u} \wedge \vec{v}) = (\lambda\vec{u}) \wedge \vec{v}$.

   (c) Supposons $\lambda < 0$, et soit θ l'angle de $\vec{u}$ et $\vec{v}$. Alors, l'angle entre $\lambda\vec{u}$ et $\vec{v}$ sera $(\pi - \theta)$, $\lambda(\vec{u} \wedge \vec{v})$ et $(\lambda\vec{u}) \wedge \vec{v}$ ont a même direction et le même sens que $-(\vec{u} \wedge \vec{v})$, et on calcule directement

$$\begin{aligned} ||(\lambda\vec{u}) \wedge \vec{v}|| &= ||(\lambda\vec{u})||\,||\vec{v}|| \sin(\pi - \theta) \\ &= |\lambda|\,||\vec{u}||\,||\vec{v}|| \sin\theta \\ &= ||\lambda(\vec{u} \wedge \vec{v})||. \end{aligned} \tag{1.8}$$

   Une fois encore on obtient $\lambda(\vec{u} \wedge \vec{v}) = (\lambda\vec{u}) \wedge \vec{v}$.

□

REMARQUE 1.37. Le produit vectoriel n'est pas une loi associative. Voici un exemple; $\vec{i} \wedge (\vec{i} \wedge \vec{j}) = \vec{i} \wedge \vec{k} = -\vec{j}$ tandis que $(\vec{i} \wedge \vec{i}) \wedge \vec{j} = \vec{0} \wedge \vec{j} = \vec{0}$. La prudence est de mise quand on manipule les produits vectoriels.

FIGURE 1.0.17. Anti-commutativité du produit vectoriel.

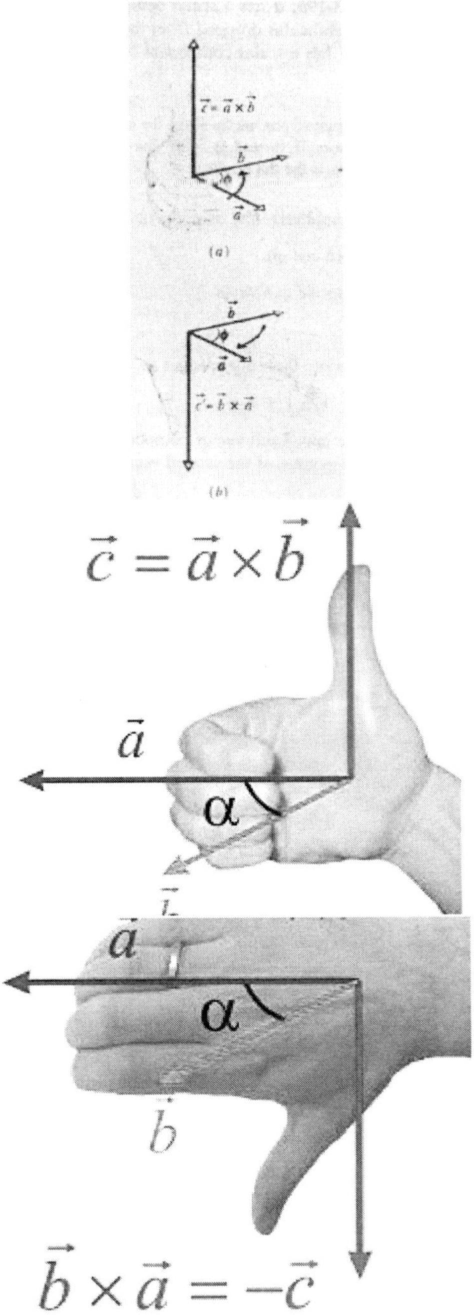

On peut maintenant définir le produit vectoriel de deux vecteurs en termes de leur coordonnées dans un repère. Soit

$$\vec{u} = u_1\vec{i} + u_2\vec{j} + u_3\vec{k} \text{ et } \vec{v} = v_1\vec{i} + v_2\vec{j} + v_3\vec{k}$$

deux vecteurs; on calcule

$$\begin{aligned}
\vec{u} \wedge \vec{v} &= (u_1\vec{i} + u_2\vec{j} + u_3\vec{k}) \wedge (v_1\vec{i} + v_2\vec{j} + v_3\vec{k}) \\
&= (u_1\vec{i} + u_2\vec{j} + u_3\vec{k}) \wedge v_1\vec{i} + (u_1\vec{i} + u_2\vec{j} + u_3\vec{k}) \wedge \vec{v}_2\vec{j} \\
&+ (u_1\vec{i} + u_2\vec{j} + u_3\vec{k}) \wedge v_3\vec{k} \\
&= (u_2v_3 - u_3v_2)\vec{i} - (u_1v_3 - u_3v_1)\vec{j} + (u_1v_2 - u_2v_1)\vec{k}.
\end{aligned} \tag{1.9}$$

Par exemple, l'equation $(2\vec{i} + \vec{k}) \wedge (3\vec{j} + 5k) = -3\vec{i} - 10\vec{j} + 6\vec{k}$ peut être vérifiée si on choisit $(u_1 = 2, u_2 = 0, u_3 = 1)$ et $(v_1 = 0, v_2 = 3, v_3 = 5)$.

Rappelons que le déterminant de $\begin{bmatrix} a_{11} & a_{12} \\ a_{21} & a_{22} \end{bmatrix}$, une matrice carrée d'ordre 2, est donné par la formule suivante

$$\begin{vmatrix} a_{11} & a_{12} \\ a_{21} & a_{22} \end{vmatrix} = a_{11}a_{22} - a_{21}a_{12}$$

et celui de $\begin{bmatrix} a_{11} & a_{12} & a_{13} \\ a_{21} & a_{22} & a_{23} \\ a_{31} & a_{32} & a_{33} \end{bmatrix}$, une matrice carrée d'ordre 3, est

$$\begin{vmatrix} a_{11} & a_{12} & a_{13} \\ a_{21} & a_{22} & a_{23} \\ a_{31} & a_{32} & a_{33} \end{vmatrix} = \begin{vmatrix} a_{22} & a_{23} \\ a_{32} & a_{33} \end{vmatrix} a_{11} - \begin{vmatrix} a_{21} & a_{23} \\ a_{31} & a_{33} \end{vmatrix} a_{12} + \begin{vmatrix} a_{21} & a_{22} \\ a_{31} & a_{32} \end{vmatrix} a_{13}$$

Par abus de notation on écrira:

$$\begin{aligned}
\vec{u} \wedge \vec{v} &= \begin{vmatrix} \vec{i} & \vec{j} & \vec{k} \\ u_1 & u_2 & u_3 \\ v_1 & v_2 & v_3 \end{vmatrix} \\
&= \begin{vmatrix} u_2 & u_3 \\ v_2 & v_3 \end{vmatrix} \vec{i} - \begin{vmatrix} u_1 & u_3 \\ v_1 & v_3 \end{vmatrix} \vec{j} + \begin{vmatrix} u_1 & u_2 \\ v_1 & v_2 \end{vmatrix} \vec{k}.
\end{aligned} \tag{1.10}$$

La première égalité de 1.10 n'a de sens que dans la mesure où elle est interprêtée comme étant un stratagème pour faciliter le calcul du produit vectoriel.

Exemple 1.38.

$$(3\vec{i}+2\vec{j}-\vec{k})\wedge(\vec{i}-\vec{j}+\vec{k}) = \begin{vmatrix}\vec{i} & \vec{j} & \vec{k}\\ 3 & 2 & -1\\ 1 & -1 & 1\end{vmatrix}$$

(1.11)

$$= \begin{vmatrix}2 & -1\\ -1 & 1\end{vmatrix}\vec{i} - \begin{vmatrix}3 & -1\\ 1 & 1\end{vmatrix}\vec{j} + \begin{vmatrix}3 & 2\\ 1 & -1\end{vmatrix}\vec{k}$$

$$= \vec{i} - 4\vec{j} - 5\vec{k}$$

.

□

1.0.2. Calcul d'aires et de volumes. Le produit vectoriel permet de calculer l'aire ou le volume de certains objets géométriques tels que le triangle, le parallélogramme, le parallélépipède, etc.

Exemple 1.39. Pour calculer l'aire du triangle [ABC] dont les sommets sont $A=(1,2)$, $B=(0,1)$ et $C=(3,0)$ (voir Figure 1.0.18) on n'a qu' à observer que l'aire du triangle est la moitié de celle du parallélogramme engendré par les vecteurs

$$\overrightarrow{AB} = -\vec{i} - \vec{j} + 0\vec{k} \text{ et } \overrightarrow{AC} = 2\vec{i} - 2j + 0\vec{k}.$$

Donc, l'aire du triangle $\dfrac{||\overrightarrow{AB}\wedge\overrightarrow{AC}||}{2}$. On a

$$\overrightarrow{AB}\wedge\overrightarrow{AC} = \begin{vmatrix}\vec{i} & \vec{j} & \vec{k}\\ -1 & -1 & 0\\ 2 & -2 & 0\end{vmatrix}$$

(1.12)

$$= \begin{vmatrix}-1 & 0\\ -2 & 0\end{vmatrix}\vec{i} - \begin{vmatrix}-1 & 0\\ 2 & 0\end{vmatrix}\vec{j} + \begin{vmatrix}-1 & -1\\ 2 & -2\end{vmatrix}\vec{k}$$

$$= 4\vec{k}.$$

L'aire du triangle est 2.

On aurait obtenu le même résultat si on avait pris les vecteurs

$$\overrightarrow{BA} = \vec{i} + \vec{j} + 0\vec{k} \text{ et } \overrightarrow{BC} = 3\vec{i} - j + 0\vec{k}.$$

parce que

$$\overrightarrow{BA} \wedge \overrightarrow{BC} = \begin{vmatrix} \vec{i} & \vec{j} & \vec{k} \\ 1 & 1 & 0 \\ 3 & -1 & 0 \end{vmatrix} = -4\vec{k}. \tag{1.13}$$

Donc, $\dfrac{||\overrightarrow{BA} \wedge \overrightarrow{BC}||}{2} = \dfrac{4}{2} = 2.$

□

FIGURE 1.0.18. Aire du triangle donnée par un produit vectoriel.

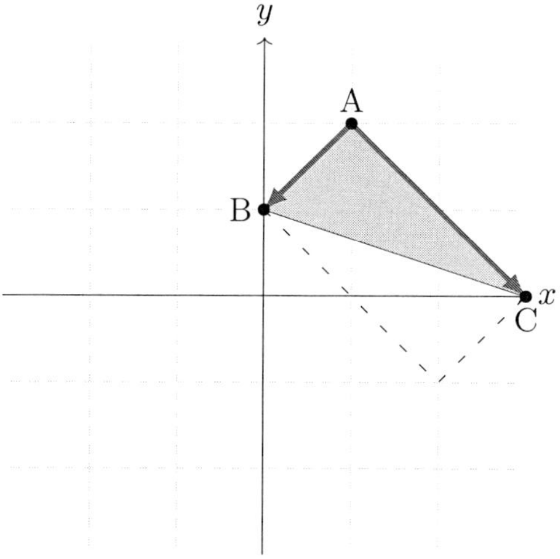

EXEMPLE 1.40. Pour trouver le volume du parallélépipède engendré par les vecteurs $\vec{u}$, $\vec{v}$ et $\vec{w}$ (voir Figure 1.0.19), il faut multiplier l'aire de sa base, $||\vec{u} \wedge \vec{v}||$, par sa hauteur, $||\vec{w}|||\cos\theta|$; autrement dit on n'a qu'à calculer la valeur absolue du produit scalaire $(\vec{u} \wedge \vec{v}) \cdot \vec{w}$. Il s'ensuit que

$$V = |(\vec{u} \wedge \vec{v}) \cdot \vec{w}|.$$

On peut aller un peu plus loin pour trouver une formule en termes du déterminant de la matrice des coordonnées des vecteurs. On suppose que

$$\vec{u} = u_1\vec{i} + u_2\vec{j} + u_3\vec{k}, \vec{v} = v_1\vec{i} + v_2\vec{j} + v_3\vec{k} \text{ et } \vec{w} = w_1\vec{i} + w_2\vec{j} + w_3\vec{k};$$

alors

(1.14)

$$(\vec{u} \wedge \vec{v}) \cdot \vec{w} = ((u_2v_3 - u_3v_2)\vec{i} - (u_1v_3 - u_3v_1)\vec{j} + (u_1v_2 - u_2v_1)\vec{k})(w_1\vec{i} + w_2\vec{j} + w_3\vec{k})$$

$$= (u_2v_3 - u_3v_2)w_1 - (u_1v_3 - u_3v_1)w_2 + (u_1v_2 - u_2v_1)w_3$$

$$= \begin{vmatrix} w_1 & w_2 & w_3 \\ u_1 & u_2 & u_3 \\ v_1 & v_2 & v_3 \end{vmatrix}$$

□

FIGURE 1.0.19. Volume du parallélépipède donnée par un produit mixte.

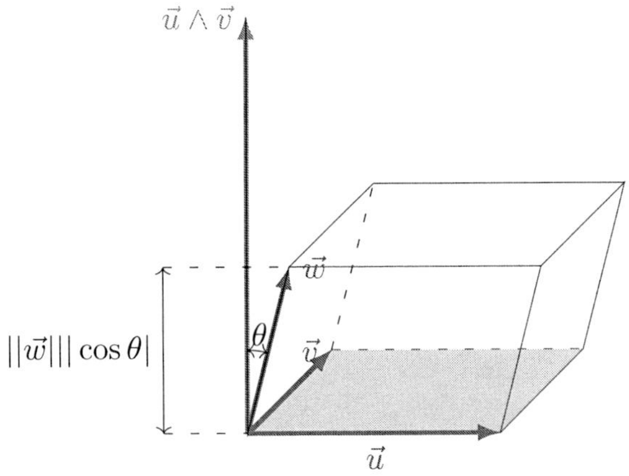

L'équation 1.14 implique les égalités suivantes:

$$|(\vec{u} \wedge \vec{v}) \cdot \vec{w}| = |(\vec{v} \wedge \vec{w}) \cdot \vec{u}| = |(\vec{w} \wedge \vec{u}) \cdot \vec{v}|,$$

parce que ces trois quantités représentent le volume du même parallélépipède.

Exercices

(1) Montrer que $|(\vec{u} \wedge \vec{v}) \cdot \vec{w}| = |(\vec{v} \wedge \vec{w}) \cdot \vec{u}| = |(\vec{w} \wedge \vec{u}) \cdot \vec{v}|$.

(2) Calculer $\begin{vmatrix} 1 & 2 & 3 \\ 0 & -2 & -3 \\ -1 & 0 & 3 \end{vmatrix}$ et $\begin{vmatrix} -2 & 0 & \frac{1}{2} \\ 3 & 6 & -1 \\ 4 & -8 & 2 \end{vmatrix}$.

(3) Trouver $(\vec{u} + \vec{v}) \wedge (\vec{u} - \vec{v})$ si $\vec{u} \wedge \vec{v} = 3\vec{i} - 7\vec{j} - 2\vec{k}$.

(4) Caluler l'aire du triangle don les sommets sont:

$$A = (1, 2, 3), B = (-3, 1, 0) \text{ et } C = (0, -3, 2).$$

(5) Quelle est la signification géométrique de l'equation $(\vec{u} \wedge \vec{v}) \cdot \vec{w} = 0$?

(6) Soit [PQR] un triangle défini dans un plan et dont les sommets sont:

$$P = (a, b), Q = (c, d) \text{ et } R = (e, f).$$

Montrer que l'aire de ce triangle est la valeur absolue de

$$\frac{1}{2}\begin{vmatrix} 1 & 1 & 1 \\ a & c & e \\ b & d & f \end{vmatrix}.$$

Caculer l'aire du triangle [(1,2)(2,3)(-4,0)] à l'aide de cette nouvelle formule et la comparer à celle obtenue par le produit mixte. Expliquer pourquoi les deux formules donnent le même résultat.

(7) Calculer l'aire du tétraèdre défini par trois vecteurs non coplanaires $\vec{u}$, $\vec{v}$ et $\vec{w}$, (voir Figure 1.0.20)

FIGURE 1.0.20. Tétraèdre défini par trois vecteurs non coplanaires.

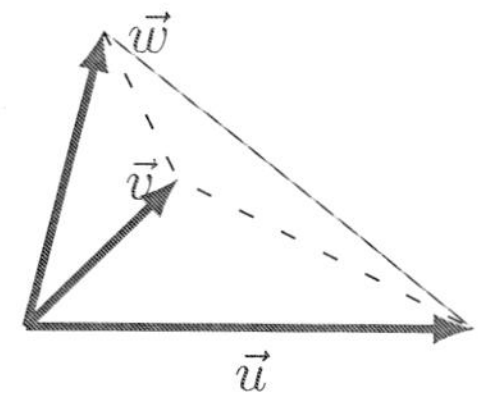

(8) Trouver un vecteur unitaire perpendiculaire à $2\vec{i} + \vec{j} - 3k$ et à $\vec{i} + \vec{k}$. Essayer de le faire de deux façons.

(9) Soit trois vecteurs non nuls $\vec{u}$, $\vec{v}$, $\vec{w}$; Décrire

(a) un vecteur de norme 2 perpendiculaire à $\vec{u}$ et à $\vec{v}$.

(b) un vecteur de norme 2 perpendiculaire à $\vec{u}$ et à $\vec{v} \wedge \vec{w}$.

(10) Déterminer lesquelles de ces expressions sont valides:

(a) $(\vec{u} \wedge \vec{v}) \wedge \vec{w}$;

(b) $\vec{u} \wedge (\vec{v} \cdot \vec{w})\vec{i}$;

(c) $(\vec{i} \cdot \vec{j}) \wedge \vec{v}$;

(d) $(\vec{u} \cdot \vec{v}) \wedge (\vec{v} \cdot \vec{w})$.

(11) Cet exercice demande beaucoup de temps. Il est conseillé d'utiliser un ordinateur pour vérifier ces identités. Montrer que

(a) $(\vec{u} \wedge \vec{v}) \wedge \vec{w} = (\vec{u} \cdot \vec{w})\vec{v} - (\vec{v} \cdot \vec{w})\vec{u}$

(b) $(\vec{u} \wedge \vec{v}) \cdot (\vec{w} \wedge \vec{x}) = (\vec{u} \cdot \vec{w})(\vec{v} \cdot \vec{x}) - (\vec{u} \cdot \vec{x})(\vec{v} \cdot \vec{w})$

(c) $(\vec{u} \wedge \vec{v}) \wedge \vec{w} + (\vec{v} \wedge \vec{w}) \wedge \vec{u} + (\vec{w} \wedge \vec{u}) \wedge \vec{v} = 0$ [Identité de Jacobi]

(12) Rappelons que si un corps C est en rotation autour d'un point O, et si une force $\vec{F}$ est appliquée sur le corps au point A, alors le couple autour du point O est donné par le produit vectoriel

$$\vec{\Gamma} = \overrightarrow{OA} \wedge \vec{F}.$$

(a) Gwo Loubè est entrain de remplacer un pneu crevé en appliquant une force de 178 Newtons sur un démonte-pneu de 30 cm de long avec un angle de 30° par rapport à l'horizontale.

(i) Calculer le couple autour de l'écrou pour le desserrer.

(ii) Calculer le couple si Gwo Loubè se décide à utiliser un démonte-pneu de 45 cm de long.

(b) Un enfant qui fait 23 kg est assis sur une balançoire à 91 cm du point d'appui. Calculer le couple autour du point d'appui quand elle se trouve à 45 cm au-dessus de l'horizontale.

Équations du Plan dans $\mathbb{E}^3$

Définition 1.41. Soit $\vec{n} = \begin{bmatrix} a \\ b \\ c \end{bmatrix}$ un vecteur non nul, et $P_0 = (x_0, y_0, z_0)$ un point de l'espace $\mathbb{E}^3$; alors le plan d'origine P_0 défini par rapport au *vecteur normal* $\vec{n}$ est cet ensemble

$$\mathcal{P} = \{P \in \mathbb{E}^3 : \overrightarrow{P_0P} \cdot \vec{n} = 0\}.$$

(voir Figure 1.0.21), autrement dit, l'ensemble de vecteurs $\overrightarrow{P_0P}$ perpendiculaires à $\vec{n}$.

Dans un système de coordonnées $(O, \vec{i}, \vec{j}, \vec{k})$ tout point $P = (x, y, z)$ définit un vecteur $\overrightarrow{OP} = \begin{bmatrix} x - x_0 \\ y - y_0 \\ z - z_0 \end{bmatrix}$. L'équation cartésienne du plan est donnée par

$$((x - x_0)\vec{i} + (y - y_0)\vec{j} + (z - z_0)\vec{k}) \cdot (a\vec{i} + b\vec{j} + c\vec{k}) = 0,$$

ou plus précisément par

$$ax + by + cz = ax_0 + by_0 + cy_0 = d.$$

FIGURE 1.0.21. Plan défini par un vecteur $\vec{n}$ au point P_0.

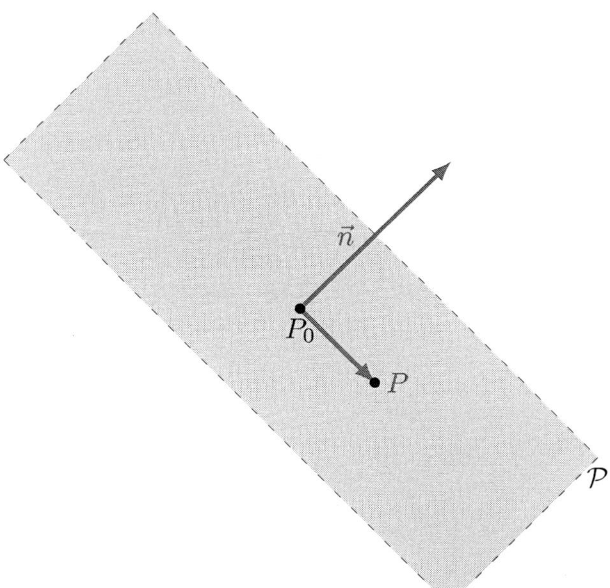

REMARQUE 1.42. Étant donné un plan $ax + by + cz = d$, par définition, le vecteur $\lambda\vec{n} = (\lambda a)\vec{i} + (\lambda b)\vec{j} + (\lambda c)\vec{k}$ où $\lambda \in \mathbb{R}$ sera un vecteur normal au plan. En outre, deux plans sont parallèles si et seulement si leurs vecteurs normaux sont colinéaires. Il est possible aussi de trouver des points du plan dont deux de leurs trois coordonnées seront nulles. Ce qui simplifie les calculs en général. Par exemple, si un point $P = (0, 0, z)$ est dans le plan et si $c \neq 0$ alors ses coordonnées doivent satisfaire l'équation du plan. En d'autres termes, il faut qu'on aie

$$0x + 0y + cz = d \iff z = \frac{d}{c}.$$

De la même manière, on saura trouver des points de la forme $(\frac{d}{a}, 0, 0)$ et $(0, \frac{d}{b}, 0)$.

EXEMPLE 1.43 (Plan défini par trois points). Pour trouver le plan défini par les points $(1,2,0), (3,1,2)$ et $(0,1,1)$, on peut résoudre ce système de trois équations à quatre inconnues:

$$\begin{cases} a + 2b & = & d \\ 3a + b + 2c & = & d \\ b + c & = & d. \end{cases}$$

Dans ce cas, on ne peut avoir qu'un nombre infini de solutions ou pas une seule. On élimine a de la deuxième équation pour obtenir ce système équivalent

$$\begin{cases} a + 2b & = & d \\ -5b + 2c & = & -2d \\ b + c & = & d. \end{cases} \equiv \begin{cases} a + 2b & = & d \\ 7c & = & 3d \\ b + c & = & d. \end{cases}$$

On élimine b et c des première et troisième équations pour trouver

$$\begin{cases} a \quad - 2c & = & -d \\ 7c & = & 3d \\ b + c & = & d. \end{cases} \equiv \begin{cases} a & = & \frac{-1}{7}d \\ 7c & = & 3d \\ b & = & \frac{4}{7}d. \end{cases}$$

Il est convenable de choisir $d = 7$; ce qui nous donnera le plan

$$-x + 4y + 3z = 7 \equiv x - 4y - 3z = -7.$$

On pourrait calculer le vecteur normal du plan. Ce qui serait plus facile. On pose $P_0 = (1,2,0), P_1(3,1,2)$ et $P_2 = (0,1,1)$; alors le plan est complètement déterminé par P_0 et le vecteur $\vec{n} = \overrightarrow{P_0P_1} \wedge \overrightarrow{P_0P_2}$. On calcule

$$\vec{n} = \begin{vmatrix} \vec{i} & \vec{j} & \vec{k} \\ 2 & -1 & 2 \\ -1 & -1 & 1 \end{vmatrix} = \vec{i} - 4\vec{j} - 3\vec{k}.$$

L'équation du plan est:

$$(\vec{i}-4\vec{j}-3\vec{k})\cdot((x-1)\vec{i}+(y-2)\vec{j}+(z-0)\vec{k}) = 0 \equiv (x-1)-4(y-2)-3z = 0.$$

$$x - 4y - 3z = -7.$$

□

EXEMPLE 1.44 (Intersection d'un plan et d'une droite). Soit $\mathcal{P}$ le plan $3x - 9y + 2z = 7$, et la droite,

$$L(t) = \begin{cases} x &= 1-2t \\ y &= 2 \\ z &= 1+t. \end{cases}$$

L'intersection de $\mathcal{P}$ et de $L(t)$ doit satisfaire l'équation:

$$3(1-2t) - 18 + 2(1+t) = 7 \iff t = -5.$$

Ce point d'intersection est obtenu en calculant $L(-5) = (11, 2, -4)$.

□

EXEMPLE 1.45 (Intersection de deux plans). Soit

$$x - 2y + z = 4 \text{ et } 2x + y + 3z = -7$$

deux plans de l'espace. Pour trouver leur intersection, on n'a qu'à résoudre le système d'équations linéaires:

$$\begin{cases} x - 2y + z &= 4 \\ 2x + y + 3z &= -7. \end{cases}$$

Puisqu'il y a plus d'inconnus que d'équations, on peut essayer de trouver un point d'intersection en supposant, par exemple, que $z = 0$; pour avoir

$$\begin{cases} x - 2y &= 4 \\ 2x + y &= -7. \end{cases}$$

La solution de ce dernier système est le couple $(x = -2, y = -3)$. Donc, le point $P_0 = (-2, -3, 0)$ appartient à l'intersection qui est une droite parce que les deux plans ne sont pas parrallèles vu que leurs vecteurs normaux $\vec{i} - 2\vec{j} + \vec{k}$ et $2\vec{i} + \vec{j} + 3\vec{k}$ ne sont pas colinéaires. Cette droite doit être pararallèle au produit vectoriel des deux vecteurs normaux, qui est:

$$(\vec{i} - 2\vec{j} + \vec{k}) \wedge (2\vec{i} + \vec{j} + 3\vec{k}) = -7\vec{i} - \vec{j} + 5\vec{k}.$$

L'intersection est

$$L(t) = (-2\vec{i} - 3\vec{j}) + (-7\vec{i} - \vec{j} + 5\vec{k})t.$$

Ce qui donne l'équation paramétrique suivante:

$$L(t) = \begin{cases} x &= -2 - 7t \\ y &= -3 - t \\ z &= 5t. \end{cases}$$

□

REMARQUE 1.46. On aurait pu résoudre le système $\begin{cases} x - 2y + z &= 4 \\ 2x + y + 3z &= -7. \end{cases}$ directement, en prenant z pour le paramètre t, pour obtenir

$$\begin{cases} x - 2y &= 4 - t \\ 2x + y &= -7 - 3t. \end{cases}$$

Ce qui donnerait

$$x = -2 - \frac{7}{5}t \text{ et } y = -3 - \frac{t}{5},$$

et

$$L(t) = \begin{cases} x &= -2 - \frac{7}{5}t \\ y &= -3 - \frac{t}{5} \\ z &= t. \end{cases}$$

On voit très bien que les deux équations définissent la même droite passant par le point $(-2, -3, 0)$ puisque les vecteurs directeurs sont colinéaires, le premier étant cinq fois le second.

□

1.0.3. Équation paramétrique du Plan. On peut toujours trouver une transformation qui permet de passer de $(O, \vec{i}, \vec{j}, \vec{k})$ au nouveau repère $(P_0, \vec{u}, \vec{v}, \vec{n})$ (voir Figure 1.0.22). Dans ce nouveau repère, tout point P du plan définit un vecteur $\overrightarrow{P_0P}$ d'expression

$$\overrightarrow{P_0P} = \overrightarrow{OP_0} + s\vec{u} + t\vec{v}, \quad s, t \in \mathbb{R}.$$

En outre, cette expression est unique parce que pour chaque $P \in \mathcal{P}$ il n'a qu'un seul parallélogramme qui permette d'exprimer $\overrightarrow{P_0P}$ comme une combinaison linéaire des vecteurs $\vec{u}$ et $\vec{v}$ plantés au point P_0.(voir Figure 1.0.22)

FIGURE 1.0.22. Équation paramétrique plan $P_0 + s\vec{u} + t\vec{v}$.

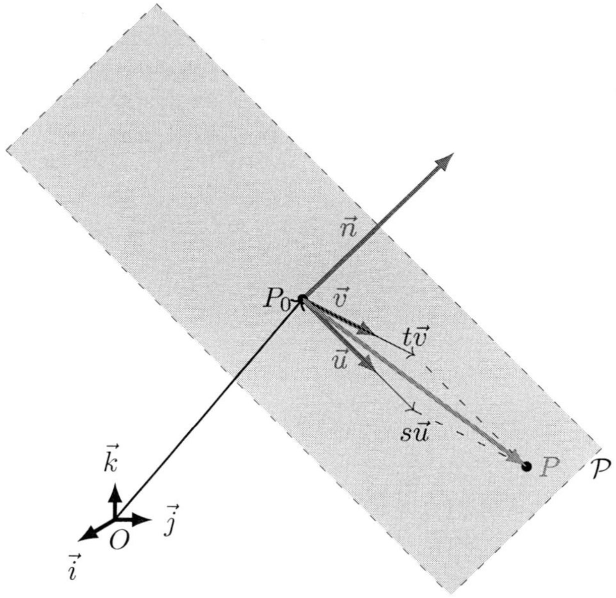

DÉFINITION 1.47 (Équation paramétrique du plan). On maintient les notations précédentes et on déclare que l'équation paramétrique du plan est donnée par:

$$\mathcal{P}(s,t) = \overrightarrow{OP_0} + s\vec{u} + t\vec{v}, \quad s,t \in \mathbb{R}.$$

En d'autres termes, si

$$P_0 = (x_0, y_0, z_0), u = u_1\vec{i} + u_2\vec{j} + u_3\vec{k} \text{ et } \vec{v} = v_1\vec{i} + v_2\vec{j} + v_3\vec{k},$$

alors les coordonnées d'un point (x, y, z) du plan sont:

$$\begin{cases} x &= x_0 + su_1 + tv_1 \\ y &= y_0 + su_2 + tv_2 \\ z &= z_0 + su_3 + tv_3. \end{cases}$$

EXEMPLE 1.48. Pour trouver l'équation paramétrique du plan $x - 2y + z = 4$, on peut considérer trois points non alignés du plan. Par example, on peut choisir

$$P_0 = (4, 0, 0), P_1 = (0, -2, 0) \text{ et } P_2 = (0, 0, 4).$$

On a

$$\vec{u} = \overrightarrow{P_0P_1} = -4\vec{i} - 2\vec{j}, \text{ et } \vec{v} = \overrightarrow{P_0P_2} = -4\vec{i} + 4\vec{k}.$$

La lectrice vérifiera que $\vec{n} = \vec{i} - 2\vec{j} + \vec{k}$ est perpendiculaire à $\vec{u}$ et à $\vec{v}$. Donc, $\vec{u}$ et $\vec{v}$ sont des vecteurs de $\mathcal{P}$ par définition. Par construction, les deux vecteurs ne sont pas colinéaires parce ils sont issus de trois points non alignés. Il s'ensuit que tout point de $\mathcal{P}$ a pour coordonnées

$$\begin{cases} x &= 4 - 4s - 4t \\ y &= -2s \\ z &= 4t \end{cases}$$

□

REMARQUE 1.49. Il est instructif de montrer, au moins dans le cas précédent, comment on passe de $(O, \vec{i}, \vec{j}, \vec{k})$ au nouveau repère $(P_0, \vec{u}, \vec{v}, \vec{n})$.

D'abord, pour passer de O à P_0, on n'a qu'à faire une translation selon le vecteur $\overrightarrow{OP_0}$; ensuite, pour montrer que l'ensemble $\mathcal{B} = \{\vec{u}, \vec{v}, \vec{n}\}$ est une base de $\mathbb{E}^3_O$, il suffit seulement d'exprimer $\vec{i}, \vec{j}$, et $\vec{k}$ comme des combinaisons linéaires uniques des éléments de $\mathcal{B}$. C'est ce qu'on va faire maintenant en résolvant le systéme:

$$\begin{cases} \vec{u} &= -4\vec{i} - 2\vec{j} \\ \vec{v} &= -4\vec{i} + 4\vec{k} \\ \vec{n} &= \vec{i} - 2\vec{j} + \vec{k} \end{cases}$$

en termes de $\vec{i}$, $\vec{j}$ et $\vec{k}$ pour trouver que

$$\begin{cases} \vec{i} &= \dfrac{\vec{n}}{6} - \dfrac{\vec{u}}{6} - \dfrac{\vec{v}}{24} \\ \vec{j} &= -\dfrac{\vec{n}}{3} - \dfrac{\vec{u}}{6} + \dfrac{\vec{v}}{12} \\ \vec{k} &= \dfrac{\vec{n}}{6} - \dfrac{\vec{u}}{6} + \dfrac{5\vec{v}}{24} \end{cases}$$

L'existence d'une telle solution est une conséquence d'un théorème fondamental de l'Algèbre linéaire. Donc, tout vecteur de $\mathbb{E}^3_O$ est une unique combinaison linéaire des vecteurs $\vec{u}$, $\vec{v}$, et $\vec{n}$.

□

1.0.4. Calcul de distances dans l'espace. On a déjà vu que la distance d'un point P à une droite $L(t) = P_0 + t\vec{v}$ est donnée par la formule (voir Figure 1.0.23)

$$d(P, L) = ||\overrightarrow{P_0P}^{\perp}||,$$

où $\overrightarrow{P_0P}^{\parallel}$ est la projection orthogonale de $\overrightarrow{P_0P}$ sur L.

FIGURE 1.0.23. Distance d'un point P à une doite $L(t) = P_0 + t\vec{v}$.

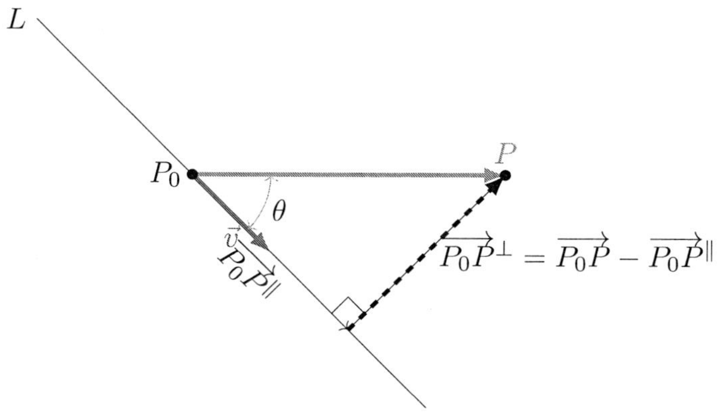

On peut calculer cette distance en utilisant le produit vectoriel aussi. Une formule trigonométrique nous dit que

$$d(P, L) = ||\overrightarrow{P_0P}|| \sin\theta = \frac{||\vec{v}||||\overrightarrow{P_0P}|| \sin\theta}{||\vec{v}||} = \frac{||\vec{v} \wedge \overrightarrow{P_0P}||}{||\vec{v}||}.$$

EXEMPLE 1.50. On suppose que $P = (2, 1, 3)$, $P_0(2, 3, -2)$, $\vec{v} = -\vec{i} + \vec{j} - 2\vec{k}$ et $L(t) = \overrightarrow{OP_0} + t\vec{v}$. On va illustrer l'utilisation des deux formules:

(1) La projection orthogonale de P sur L est

$$\overrightarrow{P_0P}^{\parallel} = \frac{\vec{v} \cdot \overrightarrow{P_0P}}{\vec{v} \cdot v}\vec{v} = 2\vec{i} - 2\vec{j} + 4\vec{k}.$$

Donc, $d(P, L) = ||(-2\vec{j}+5\vec{k})-(2\vec{i}-2\vec{j}+4\vec{k})|| = ||-2\vec{i}+\vec{k}|| = \sqrt{5}$.

$$(2)\ \vec{v} \wedge \overrightarrow{P_0P} = \begin{vmatrix} \vec{i} & \vec{j} & \vec{k} \\ -1 & 1 & -2 \\ 0 & -2 & 5 \end{vmatrix} = \vec{i} + 5\vec{j} + 2k$$

$$\text{Donc, } d(P, L) = \frac{||\vec{i} + 5\vec{j} + 2\vec{k}||}{||-\vec{i} + \vec{j} - 2\vec{k}||} = \frac{\sqrt{30}}{\sqrt{6}} = \sqrt{5}.$$

□

Pour calculer la distance de deux plans parallèles $\mathcal{P}_1$ et $\mathcal{P}_2$, il suffit de projeter orthogonalement un vecteur $\overrightarrow{P_1P_2}$ avec $P_1 \in \mathcal{P}_1$ et $P_2 \in \mathcal{P}_2$ sur l'un des deux vecteurs normaux et calculer la norme de cette projection.

Exemple 1.51. Soit $\mathcal{P}_1 : 2x - 2y + z = 5$ et $\mathcal{P}_2 : -4x + 4y - 2z = 20$ deux plans de l'espace. Ils sont parallèles parce que leurs vecteurs normaux sont colinéaires;

$$\vec{n}_2 = -4\vec{i} + 4\vec{j} - 2\vec{k} = -2(2\vec{i} - 2\vec{j} + \vec{k}) = -2\vec{n}_1.$$

$P_1 = (0, 0, 5) \in \mathcal{P}_1$, $P_2 = (0, 5, 0)$ dans $\mathcal{P}_2$, $\overrightarrow{P_1P_2} = 5\vec{j} - 5\vec{k}$. La projection de $\overrightarrow{P_1P_2}$ sur $\vec{n}_1$ est

$$\overrightarrow{P_1P_2}^{\parallel} = \frac{(5\vec{j} - 5\vec{k}) \cdot (2\vec{i} - 2\vec{j} + \vec{k})}{(2\vec{i} - 2\vec{j} + k) \cdot (2\vec{i} - 2\vec{j} + \vec{k})}(2\vec{i} - 2\vec{j} + \vec{k}) = \frac{-15}{9}(2\vec{i} - 2\vec{j} + \vec{k}).$$

La distance $d(\mathcal{P}_1, \mathcal{P}_2) = \left|\left|\frac{-15}{9}(2\vec{i} - 2\vec{j} + \vec{k})\right|\right| = 5.$

□

Pour calculer la distance entre deux droites non sécantes et non parallèles, il faut calculer la distance des deux plans parallèlles qui les contiennent. En d'autres termes, une fois qu'on a trouvé la direction de leurs vecteurs normaux qui eux-mêmes doivent être colinéaires, le calcul est réduit au cas précédent.

Soit $L_1 = \overrightarrow{OP_1} + \vec{u}t$ et $L_2 = \overrightarrow{OP_2} + \vec{v}t$ deux droites non sécantes et non parallèles de l'espace. Il s'ensuit que L_1 est dans un plan $\mathcal{P}_1$, L_2 est dans un plan $\mathcal{P}_2$, et les deux plans sont parallèles. Donc, leurs vecteurs normaux sont colinéaires au vecteur $\vec{n} = \vec{u} \wedge \vec{v}$ et $d(L_1, L_2)$ est la norme de la projection orthogonale de $\overrightarrow{P_1P_2}$ sur $\vec{n}$. (voir Figure 1.0.24)

Exemple 1.52. On suppose que $L_1 = 5\vec{j} - \vec{k} + (2\vec{i} + \vec{j} + 3\vec{k})t$ et $L_2 = -i + 2\vec{j} + (\vec{i} - \vec{j})t$ sont deux droites non sécantes et non parallèles. Pour calculer la distance entre elles, on projette le vecteur $\overrightarrow{P_1P_2} = -\vec{i} - 3\vec{j} + \vec{k}$ sur

FIGURE 1.0.24. Distance entre deux droites non sécantes et non parallèles

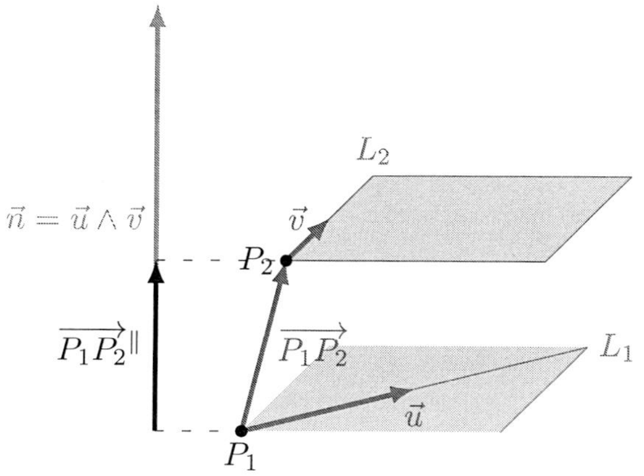

$$\vec{n} = \begin{vmatrix} \vec{i} & \vec{j} & \vec{k} \\ 2 & 1 & 3 \\ 1 & -1 & 0 \end{vmatrix} = 3\vec{i} + 3\vec{j} - 3\vec{k}.$$

La projection orthogonale $\overrightarrow{P_1P_2}^{\parallel} = -\dfrac{15}{27}(3\vec{i} + 3\vec{j} - 3\vec{k})$. Finalement, on a

$$d(L_1, L_2) = \left|\left| -\frac{15}{27}(3\vec{i} + 3\vec{j} - 3\vec{k})\right|\right| = \frac{5}{3}||\vec{i} - \vec{j} + \vec{k}|| = \frac{5}{3}\sqrt{3}.$$

□

Nous concluons avec une preuve du fameux théorème du toit. (voir Figure 1.0.25)

THÉORÈME 1.53 (Théorème du toit). *Soit deux droites parallèles d et d', et deux plans $\mathcal{P}$ et $\mathcal{P}'$ tels que $d \subseteq \mathcal{P}$ et $d' \subseteq \mathcal{P}'$. Si $\mathcal{P}$ et $\mathcal{P}'$ sont sécants en Δ alors les droites d, d' et Δ sont parallèles.*

DÉMONSTRATION. Il est évident que si $d = d'$, alors $\mathcal{P}$ et $\mathcal{P}'$ sont sécants en $\Delta = d = d'$. On suppose que $d \neq d'$. Soit $d = \vec{O}P_1 + t\vec{u}$ et $d' = \vec{O}P_2 + t\vec{v}$ les équations paramétriques des deux droites respectivement. Par hypothèse, $\vec{u}$ et $\vec{v}$ doivent être colinéaires. On démontrera que d est parallèle à Δ. Soit $\vec{w}$ le vecteur directeur de Δ. Supposons que $\vec{u}$ et $\vec{w}$ ne sont pas colinéaires. Alors, $(P_1, \vec{u}, \vec{w})$ sera un système de coordonnées du plan $\mathcal{P}$, et les vecteurs normaux $\vec{u} \wedge \vec{w}$ et $\vec{v} \wedge \vec{w}$ seront colinéaires; ce qui impliquera que les deux plans sont parrallèles. C'est une contradiction de l'hypothèse. Donc, nécessairement $\vec{u}$ et $\vec{w}$ sont colinéaires; et d est parallèle à Δ. Par symétrie, on conlut que d' est parallèle à Δ aussi.

□

FIGURE 1.0.25. Théorème du toit:Image obtenue du site de rallymaths.free.fr

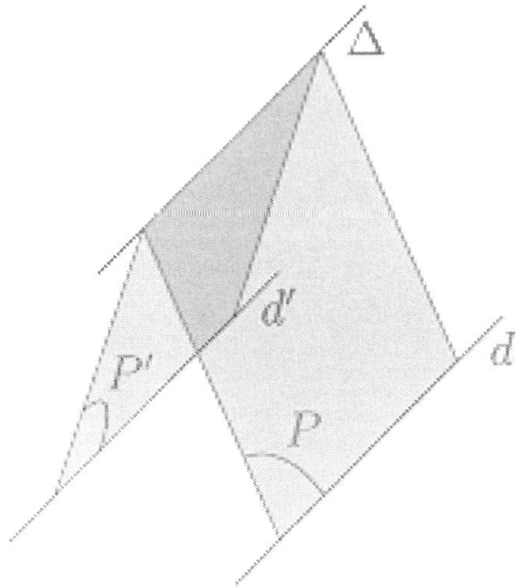

Exercices

(1) Trouver l'équation du plan qui contient les points $(3,-1,2),(2,0,5)$ et $(1,-2,4)$.

(2) Trouver l'équation du plan parallèle au plan $2x+2y+z=5$ et qui contient la droite $x=2-t, y=2t+1, z=3-2t$.

(3) Trouver l'équation du plan qui contient les droites $L_1 : x=t+2, y=3t-5, z=5t+1$ et $L_2 : x=5-t, y=3t-10, z=9-2t$.

(4) Trouver l'équation paramétrique de la droite qui passe par $(5,0,6)$ et qui est perpendiculaire à $2x-3y+5z=1$.

(5) Pour quelle valeur de c sont $8x-6y+9cz=6$ et $cx+y+2z=3$ parallèles? Pour quelle valeur de c sont-ils perpendiculaires?

(6) Exprimer l'équation paramétrique du plan dans chaque cas:

   (a) Le plan passe par (0,3, -1) et est parallèle à $\vec{i}-2\vec{k}$ et $\vec{i}+3\vec{j}-\vec{k}$.

   (b) Le plan contient les droites $L_1 : x=t+2, y=3t-5, z=5t+1$ et $L_2 : x=5-t, y=3t-10, z=9-2t$.

   (c) Le plan contient les points $(3,-1,2),(2,0,5)$ et $(1,-2,4)$.

   (d) Le plan contient la droite $L_1 : x=t+2, y=3t-5, z=5t+1$ et passe par le point $(3,-1,2)$.

(7) Quelle est l'equation cartésienne du plan $(x = 3s - t + 2, y = 4s + t, z = s + 5t + 3$?

(8) Quelle est la distance entre

(a) le point $(2, -1, 3)$ et la droite $L : x = 5 - t, y = 2, z = 2 - 2t$?

(b) le point $(2, -1, 3)$ et le plan $5x - 2y + 2z = 12$?

(c) les droites $L_1(t) = i - 4\vec{k} + (\vec{i} - \vec{j} + 5\vec{k})t$ et $L_2(t) = i - 2\vec{j} + (\vec{i} - \vec{j} + 5\vec{k})t$?

(d) les droites $L_1(t) = i - 4\vec{k} + (\vec{i} - \vec{j} + 5\vec{k})t$ et $L_2(t) = i - 2\vec{j} + (\vec{i} - 2\vec{j} + 5\vec{k})t$?

(e) les plans $5x - 2y + 2z = 12$ et $-10x + 4y - 4z = 8$?

(f) les plans $5x - 2y + 2z = 12$ et $4y - 4z = 8$?

(9) Montrer que la distance entre $ax + by + cz = d_1$ et $ax + by + cz = d_2$ est

$$\delta = \frac{|d_1 - d_2|}{\sqrt{a^2 + b^2 + c^2}}.$$

(10) Calculer la distance entre les plans

$$\mathcal{P}_1 = -3\vec{i} + 2\vec{k} + s(9\vec{i} - 5\vec{j} + 9\vec{k}) + t(3\vec{i} - 2\vec{j} + 3\vec{k}) \text{ et}$$

$$\mathcal{P}_2 = 3\vec{i} + 4\vec{j} - 9\vec{k} + s(-9\vec{i} + 2\vec{j} - 9\vec{k}) + t(-4\vec{i} + 7\vec{j} - 4\vec{k}).$$

(11) Soit $L1 = \overrightarrow{OP_1} + t\vec{u}$ et $L_2 = \overrightarrow{OP_2} + t\vec{u}$ deux droites parallèles dans l'espace. Montrer que la distance $d(L_1, L_2) = \dfrac{||\vec{u} \wedge \overrightarrow{P_1P_2}||}{||\vec{u}||}$.

(12) Soit $L1 = \overrightarrow{OP_1} + t\vec{u}$ et $L_2 = \overrightarrow{OP_2} + t\vec{v}$ deux droites non parallèles et non sécantes dans l'espace. Montrer que la distance

$$d(L_1, L_2) = \frac{|(\vec{u} \wedge \vec{v}) \cdot \overrightarrow{P_1P_2}|}{||\vec{u} \wedge \vec{v}||}.$$

(13) Montrer que la distance entre un point P et un plan $\mathcal{P}$ passant par P_0 et dont le vecteur normal est $\vec{n}$, est $d(P, \mathcal{P}) = \dfrac{|\vec{n} \cdot \overrightarrow{P_0P}|}{||\vec{n}||}$.

(14) Montrer que la distance entre deux plans parallèles, l'un passant par le point P_1 et l'autre par P_2, est $\dfrac{|\vec{n} \cdot \overrightarrow{P_1P_2}|}{||\vec{n}||}$.

(15) Montrer que $||\vec{u} - \vec{v}|| \leq ||\vec{u} - \vec{w}|| + ||\vec{w} - \vec{v}||$.

(16) Montrer que si $||\vec{u}+\vec{v}|| = ||\vec{u}-\vec{v}||$ alors $\vec{u}$ et $\vec{v}$ sont perpendiculaires.

(17) Montrer que si $\vec{u}$ et $\vec{v}$ sont des vecteurs unitaires alors $||\vec{u}\wedge\vec{v}||^2+||\vec{u}\cdot\vec{v}||^2 = 1$.

(18) Montrer que si $P_1, P_2, \cdots, P_n$ sont les sommets d'un polygone régulier centré à l'Origine, alors: $\overrightarrow{OP_1} + \overrightarrow{OP_2} + \cdots + \overrightarrow{OP_n} = \vec{0}$.

(19) Considérer le tétraèdre illustré en Figure 1.0.26. Montrer $\vec{v}_1 + \vec{v}_2 + \vec{v}3 + \vec{v}_4 = \vec{0}$.

FIGURE 1.0.26. Tétraèdre: Image obtenue de [**C**]

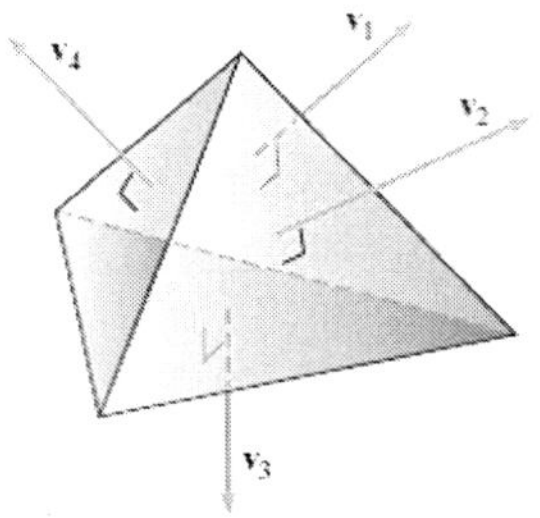

(20) Considérer le tétraèdre droit ci-dessous (Figure 1.0.27). Soit X Y et Z les aires des faces adjacentes au sommet R, et W celle de la quatrième. Utiliser le résultat du dernier exercice pour montrer que

$$X^2 + Y^2 + Z^2 = W^2.$$

FIGURE 1.0.27. Tétraèdre droit: Image obtenue de [**C**]

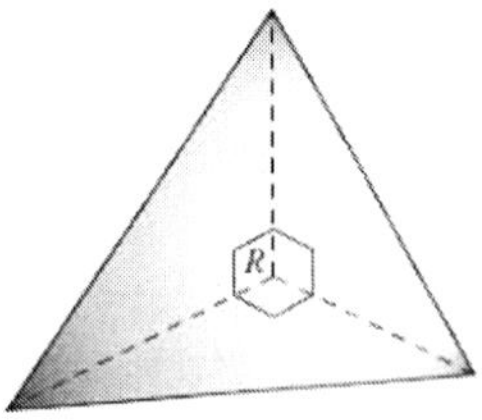

(21) Soit $\mathcal{P}$ un plan dans l'espace contenant trois points non alignés: A, B, et C. Montrer que la distance entre un point P_0 et $\mathcal{P}$ est égale à

$$\frac{|\overrightarrow{AP_0} \cdot (\overrightarrow{AB} \wedge \overrightarrow{AC})|}{||\overrightarrow{AB} \wedge \overrightarrow{AC}||}.$$

(22) Soit A, B, C et D quatre points dans l'espace. Montrer que

(a) A, B, et C sont colinéaires si et seulement si $\overrightarrow{AB} \wedge \overrightarrow{AC} = \vec{0}$.

(b) A, B, C et D are coplanaires si et seulement si $(\overrightarrow{AB} \wedge \overrightarrow{AC}) \cdot \overrightarrow{CD} = 0$.

MODULE 2

Précis d'Algèbre linéaire

Alfred Gérard Noël

University of Massachusetts Boston
USA.

Notre objectif n'est pas d'enfoncer une porte ouverte, mais d'échafauder une solide ossature sur laquelle le lecteur pourra bâtir une connaissance plus profonde de certaines notions algébrico-géométriques dans de meilleures conditions qu'auparavant. En effet, depuis plus d'un siècle, des Géométries, apparemment distinctes, ont été synthétisées dans *l'Algèbre linéaire* à travers une catégorie mathématique appelée *Vect* dont les objets sont des *espaces vectoriels* et les morphismes des *applications linéaires*. Ce module accusera un caractère plus abstrait que le précédent. Les figures graphiques vont s'exténuer pour faire place à une théorie algébrique englobant les *Géométries élémentaires*. Nous privilégions avant tout une logique de complémentarité aux tendances unificatrices.

ESPACES VECTORIELS

DÉFINITION 2.1 (Espaces vectoriels abstraits). Un espace vectoriel $\mathbb{V}$ sur un corps $\mathbb{K}$ est un ensemble muni de deux opérations:

une addition $+ : \mathbb{V} \times \mathbb{V} \to \mathbb{V} : \forall(\vec{u}, \vec{v}) \in \mathbb{V} \times \mathbb{V}, +(\vec{u}, \vec{v}) \equiv \vec{u} + \vec{v} \in \mathbb{V}$ conférant à $\mathbb{V}$ une structure de groupe commutatif, autrement dit:

- $\forall(\vec{u}, \vec{v}) \in \mathbb{V} \times \mathbb{V},\ \vec{u} + \vec{v} = \vec{v} + \vec{u}$, [*commutativité*]
- $\forall(\vec{u}, \vec{v}, \vec{w}) \in \mathbb{V} \times \mathbb{V} \times \mathbb{V},\ (\vec{u} + \vec{v}) + \vec{w} = \vec{u} + (\vec{v} + \vec{w})$, [*associativité*]
- $\exists\ \vec{0} \in \mathbb{V}$ tel que $\forall \vec{u} \in \mathbb{V},\ \vec{u} + \vec{0} = \vec{0} + \vec{u} = \vec{u}$, [*élément neutre* $\vec{0}$]
- $\forall \vec{u} \in \mathbb{V},\ \exists\ \vec{u}^{-1} \in \mathbb{V}$ tel que , $\vec{u} + \vec{u}^{-1} = \vec{u}^{-1} + \vec{u} = \vec{0}$, [*inverse de* $\vec{u}$]

et une multiplication scalaire $\cdot : \mathbb{K} \times \mathbb{V} \to \mathbb{V} : \forall(a, \vec{v}) \in \mathbb{K} \times \mathbb{V}, \cdot(a, \vec{v}) \equiv a \cdot \vec{v} \equiv a\vec{v} \in \mathbb{V}$ dotée des propriétés suivantes:

- si $(a, b) \in \mathbb{K} \times \mathbb{K}$ et $\vec{v} \in \mathbb{V}$, alors $a \cdot (b \cdot \vec{v}) = (ab) \cdot \vec{v}$;
- $\forall \vec{u} \in \mathbb{V}$, $1 \cdot \vec{v} = \vec{v}$, 1 est l'élément neutre de la multiplication définie sur $\mathbb{K}$;
- si $a \in \mathbb{K}$ et $(\vec{u}, \vec{v}) \in \mathbb{V} \times \mathbb{V}$, alors $a \cdot (\vec{u} + \vec{v}) = a \cdot \vec{u} + a \cdot \vec{v}$;
- si $(a, b) \in \mathbb{K} \times \mathbb{K}$ et $\vec{v} \in \mathbb{V}$, alors $(a + b) \cdot \vec{v} = a \cdot \vec{v} + b \cdot \vec{v}$.

REMARQUE 2.2. L'ensemble vide $\emptyset$ n'est pas un espace vectoriel, et l'espace vectoriel trivial est dénoté par $\{\vec{0}\}$, c'est le plus petit de tous les espaces vectoriels par inclusion.

Nous sommes spécifiquement intéressés au cas $\mathbb{K} = \mathbb{R}$, celui des espaces vectoriels réels dans ce livre. Il est donc conseillé de retenir cette hypothèse tout au long de la lecture.

DÉFINITION 2.3. Un *vecteur* est un élément d'un espace vectoriel.

EXEMPLE 2.4. Le lecteur vérifiera que l'ensemble des nombres réels $\mathbb{R}$ muni de l'addition et de la multiplication ordinaires est un espace vectoriel réel. Donc, un nombre réel est un vecteur.

Il vérifiera aussi que le plan $\mathbb{R}^2 = \mathbb{R} \times \mathbb{R}$ est un espace vectoriel réel. La plupart du temps, il convient de désigner un vecteur (a, b) de $\mathbb{R}^2$ par $\begin{bmatrix} a \\ b \end{bmatrix}$.

EXERCICE 2.5. Montrer que si n est un nombre entier positif, alors $\mathbb{R}^n$ est un espace vectoriel réel, et $\mathbb{C}^n$ est un espace vectoriel complexe.

EXERCICE 2.6. Est-ce que $\mathbb{R}$ est un espace vectoriel complexe? Est-ce que $\mathbb{C}$ est un espace vectoriel réel? Si l'ensemble $\mathbb{V}$ est un espace vectoriel complexe, est-il un espace vectoriel réel aussi?

EXERCICE 2.7. Soit $\mathbb{A} \subseteq \mathbb{R}$ et $\mathfrak{F} = \{f : \mathbb{A} \to \mathbb{R}\}$ l'ensemble des fonctions de $\mathbb{A}$ dans $\mathbb{R}$. Montrer que $\mathfrak{F}$ est un espace vectoriel réel.

EXEMPLE 2.8. Soit $\mathfrak{D}$ l'ensemble des fonctions réelles différentiables sur une partie $\mathbb{A}$ de $\mathbb{R}$. Alors, $\mathfrak{D}$ est un espace vectoriel réel.

Pour vérifier cette assertion, nous allons exploiter des résultats provenant du calcul différentiel. Posons

$$\mathfrak{D} = \{f : \mathbb{A} \to \mathbb{R} : \forall a \in \mathbb{A}, f'(a) \text{ existe}\}.$$

On voit que

$$\forall (f, g) \in \mathfrak{D} \times \mathfrak{D}, (f + g)'(a) = f'(a) + g'(a) \text{ existe } \forall a \in \mathbb{A},$$

$$\forall(\lambda, g) \in \mathbb{R} \times \mathfrak{D}, (\lambda g)'(a) = \lambda g'(a) \text{ existe } \forall a \in \mathbb{A}.$$

Donc, l'addition vectorielle et la multiplication scalaire sont bien définies sur $\mathfrak{D}$. Les huit propriétés sont tout-à-fait vérifiables:

- $\forall(f, g) \in \mathfrak{D} \times \mathfrak{D}, (f+g)'(a) = (g+f)'(a) = f'(a) + g'(a)$ existe $\forall a \in \mathbb{A}$.
- $\forall(f, g, h) \in \mathfrak{D} \times \mathfrak{D} \times \mathfrak{D}, ((f+g)+h)'(a) = (f+(g+h))'(a) = f'(a) + g'(a) + h'(a)$ existe $\forall a \in \mathbb{A}$.
- L'élément neutre pour l'addition est la fonction $\bar{0} : \mathbb{A} \to \mathbb{R}$ telle que $\bar{0}(x) = 0$ est toujours différentiable de sorte que

$$\forall f \in \mathfrak{D}, (f + \bar{0})'(a) = (\bar{0} + f)'(a) = 0 + f'(a) = f'(a) \text{ existe } \forall a \in \mathbb{A}.$$

- La fonction inverse de f est $(-1) \cdot f \equiv -f$ dont la dérivée est $-f'$. Donc,

$$\forall f \in \mathfrak{D}, (f + (-f))'(a) = ((-f) + f)'(a) = f'(a) - f'(a) = 0, \forall a \in \mathbb{A}.$$

- $\forall(\alpha, \beta) \in \mathbb{R} \times \mathbb{R}$ et $f \in \mathfrak{D}$, alors $\alpha \cdot (\beta \cdot f) = (\alpha\beta) \cdot f$ et

$$((\alpha\beta) \cdot f)'(a) = (\alpha\beta) \cdot f'(a) \text{ existe } \forall a \in \mathbb{A}.$$

Nous vous laissons le soin de vérifier les trois autres cas.

□

EXEMPLE 2.9. Soit $\mathfrak{I}$ l'ensemble des fonctions réelles intégrables sur une partie $\mathbb{A}$ de $\mathbb{R}$. Alors $\mathfrak{I}$ est un espace vectoriel réel.

Pour vérifier cette assertion, nous allons exploiter des résultats provenant du calcul integral. Posons

$$\mathfrak{I} = \left\{ f : \mathbb{A} \to \mathbb{R} : \int_{\mathbb{A}} f \text{ existe} \right\}.$$

On voit que

$$\forall(f, g) \in \mathfrak{D} \times \mathfrak{D}, \int_{\mathbb{A}} (f+g) = \left(\int_{\mathbb{A}} f + \int_{\mathbb{A}} g \right) \text{ existe,}$$

$$\forall(\lambda, g) \in \mathbb{R} \times \mathfrak{D}, \int_{\mathbb{A}} (\lambda g) = \lambda \int_{\mathbb{A}} g \text{ existe.}$$

Donc, l'addition et la multiplication scalaire sont bien définies sur $\mathfrak{I}$. Les huit propriétés sont tout à fait vérifiables:

- $$\forall (f,g) \in \mathfrak{D} \times \mathfrak{D}, \int_{\mathbb{A}} (f+g) = \int_{\mathbb{A}} (g+f) = \int_{\mathbb{A}} f + \int_{\mathbb{A}} g \text{ existe.}$$

- $\forall (f,g,h) \in \mathfrak{D} \times \mathfrak{D} \times \mathfrak{D}$,
$$\int_{\mathbb{A}} ((f+g)+h) = \int_{\mathbb{A}} (f+(g+h)) = \int_{\mathbb{A}} f + \int_{\mathbb{A}} g + \int_{\mathbb{A}} h \text{ existe.}$$

- L'élément neutre pour l'addition est la fonction $\bar{0} : \mathbb{A} \to \mathbb{R}$ telle que $\bar{0}(x) = 0$ est toujours intégrable de sorte que
$$\forall f \in \mathfrak{D}, \int_{\mathbb{A}} (f+\bar{0}) = \int_{\mathbb{A}} (\bar{0}+f) = 0 + \int_{\mathbb{A}} f = \int_{\mathbb{A}} f \text{ existe.}$$

- La fonction inverse de f est $-f$. Donc,
$$\forall f \in \mathfrak{D}, \int_{\mathbb{A}} (f+(-f)) = \int_{\mathbb{A}} ((-f)+f) = \int_{\mathbb{A}} f - \int_{\mathbb{A}} f = 0.$$

- $\forall (\alpha, \beta) \in \mathbb{R} \times \mathbb{R}$ et $f \in \mathfrak{D}$, alors $\alpha \cdot (\beta \cdot f) = (\alpha\beta) \cdot f$ et
$$\int_{\mathbb{A}} ((\alpha\beta) \cdot f) = (\alpha\beta) \int_{\mathbb{A}} f \text{ existe.}$$

Nous vous laissons le soin de vérifier les trois autres cas.

□

EXEMPLE 2.10. $\mathcal{P}_n$, l'ensemble des polynômes algébriques de degré inférieur ou égal à n avec coefficients réels, est un espace vectoriel réel. Tout élément de $\mathcal{P}_n$ s'écrit:

$$p_n(x) = \sum_{k=0}^{n} a_k x^k \equiv a_0 + a_1 x + a_2 x^2 + \cdots + a_n x^n,$$

x est l'indéterminée et les a_k sont des nombres réels. L'addition et la multiplication scalaire sur $\mathcal{P}_n$ sont définies comme suit:

$$\sum_{k=0}^{n} a_k x^k + \sum_{k=0}^{n} b_k x^k = \sum_{k=0}^{n} (a_k + b_k) x^k,$$

et

$$\lambda \cdot \sum_{k=0}^{n} a_k x^k = \sum_{k=0}^{n} \lambda a_k x^k, \ \lambda \in \mathbb{R}.$$

L'élément neutre pour l'addition est

$$\vec{0} = \sum_{k=0}^{n} 0x^k.$$

Le lecteur qui a compris les exemples précédents n'aura aucune difficulté à vérifier les différentes étapes nécessaires à la complétion de celui-ci.

□

EXERCICE 2.11. Soit $\mathbb{P}_n$, l'ensemble des polynômes algébriques à une déterminée à coefficients réels de degré n. Montrer que $\mathbb{P}_n$ est un espace vectoriel réel si et seulement si $n = 0$.

EXEMPLE 2.12. Les solutions du système d'équations linéaires

$$\begin{cases} 2x + 4y + 6z = 0 \\ 4x + 5y + 6z = 0 \\ 7x + 8y + 9z = 0 \end{cases}$$

forment un espace vectoriel réel. Remarquer que s'il n'existe qu'une seule solution, elle doit être $x = 0, y = 0, z = 0$, c'est-à-dire l'espace vectoriel trivial $\{\vec{0}\}$. Si on considère la forme matricielle du système

$$\begin{pmatrix} 2 & 4 & 6 \\ 4 & 5 & 6 \\ 7 & 8 & 9 \end{pmatrix} \begin{bmatrix} x \\ y \\ z \end{bmatrix} = \begin{bmatrix} 0 \\ 0 \\ 0 \end{bmatrix},$$

la méthode de Cramer nous permet d'établir l'existence de cette unique solution en calculant le déterminant de la matrice qui, malheureusement dans ce cas, est nul. Donc, on a une infinité de solutions puisqu'on peut simplifier le système pour arriver à:

$$\begin{cases} x - z = 0 \\ y + 2z = 0. \end{cases}$$

On voit que la solution est en effet la droite $y = -2x \equiv \mathbb{R}$.

EXERCICE 2.13. Est-ce que l'espace de solutions de ces systèmes d'équations linéaires est un espace vectoriel?

$$(1) \begin{cases} 2x + 4y + 6z = 0 \\ 4x + 5y + 6z = 3 \\ 7x + 8y + 9z = 6 \end{cases}$$

$$(2)\begin{cases}2x+4y+6z=0\\4x+5y+6z=3\\7x+8y+9z=0\end{cases}$$

Remarque 2.14. Tout système d'équations linéaires peut s'écrire sous la forme matricielle $A\vec{x}=\vec{b}$ où A est une matrice à m lignes et n colonnes, $\vec{x}\in\mathbb{R}^n$ et $\vec{b}\in\mathbb{R}^m$. Si $\vec{b}=\vec{0}$, $\mathrm{Ker}(A)$, la solution $\mathfrak{S}$ du système, sera toujours un espace vectoriel puisque si $(\vec{x},\vec{y})\in\mathfrak{S}^2$, alors $A(\vec{x}+\vec{y})=A\vec{x}+A\vec{y}=\vec{0}+\vec{0}=\vec{0}$, ce qui implique que $\vec{x}+\vec{y}\in\mathfrak{S}$, et si $(\lambda,\vec{y})\in\mathbb{R}\times\mathfrak{S}$, alors $A(\lambda\cdot\vec{y})=\lambda A\vec{y}=\vec{0}$, l'on voit que $\lambda\cdot\vec{y}\in\mathfrak{S}$ aussi. On vient de définir une addition et une multiplication scalaire sur $\mathfrak{S}$. Le lecteur se chargera de vérifier les huit propriétés requises.

Exercice 2.15. Déterminer si l'ensemble des solutions de l'équation différentielle

$$\frac{d^2y}{dx^2}+4\frac{dy}{dx}+3y=0$$

est un espace vectoriel réel.

Exercice 2.16. Vérifier que $M_2(\mathbb{R})$ et $M_3(\mathbb{R})$, les matrices carrées d'ordre 2 et 3 respectivement, sont des espaces vectoriels réels. En est-il de même pour $M_n(\mathbb{R})$ ou pour $GL_n(\mathbb{R})$, les matrices carrées inversibles d'ordre n?

Exercice 2.17. Déterminer si l'ensembles des séries entières de la forme

$$\sum_{k=0}^{\infty}c_k(x-a)^k,\ c_k\in\mathbb{R}\ ,\ a\in\mathbb{R},$$

est un espace vectoriel réel.

Exercice 2.18. Est-ce que $\mathbb{R}^3\times\mathbb{R}^2$ est un espace vectoriel?

Exercice 2.19. Sur $\mathbb{R}^2$ on définit une addition et une multiplication scalaire comme suit:

$$(a,b)+(c,d)=(a+c,b+d),$$

$$\forall\lambda\in\mathbb{R},\lambda\cdot(x,y)=(\lambda x,y).$$

Muni de ces deux opérations, est-ce que $\mathbb{R}^2$ est un espace vectoriel ?

Exercice 2.20. Soit $\mathbb{V}$ l'ensemble des fonctions $f : \mathbb{R} \to \mathbb{C}$ telles que $\forall x \in \mathbb{R}, f(-x) = \overline{f(x)}$, le conjugué de $f(x)$. Muni des deux opérations suivantes:

$$(f+g)(x) = f(x) + g(x),$$

$$\forall \lambda \in \mathbb{R}, (\lambda \cdot f)(x) = \lambda f(x),$$

est-ce que $\mathbb{V}$ est un espace vectoriel réel?

Sous-Espaces Vectoriels

Définition 2.21. Soit $\mathbb{V}$ un espace vectoriel défini sur un corps $\mathbb{K}$ et $\mathbb{W} \subseteq \mathbb{V}$. On dit que $\mathbb{W}$ est un *sous-espace* de $\mathbb{V}$ si $\mathbb{W}$, muni de l'addition et de la multiplication scalaire sur $\mathbb{V}$, est aussi un espace vectoriel sur $\mathbb{K}$.

Exemple 2.22. Selon les exemples et les exercises précédents, il est clair que $\mathfrak{D}$ et $\mathfrak{I}$ sont des sous-espaces de $\mathfrak{F}$. Dans la remarque 2.14, $\mathrm{Ker}(A)$ est toujours un sous-espace de $\mathbb{R}^n$.

Remarque 2.23. Le corps des nombres rationnels $\mathbb{Q}$ est un sous-ensemble de $\mathbb{R}$ mais pas un sous-espace défini sur $\mathbb{R}$, parce que la multiplication scalaire ne fonctionne pas, $\pi \cdot 2 = 2\pi \notin \mathbb{Q}$. Cependant, si on considère $\mathbb{R}$ en tant qu'un espace vectoriel défini sur $\mathbb{Q}$, alors $\mathbb{Q}$ sera un sous-espace de $\mathbb{R}$.

Voici une meilleure caractérisation d'un sous-espace.

Théorème 2.24. *Une partie non vide $\mathbb{W}$ d'un espace vectoriel $\mathbb{V}$ est un sous-espace si et seulement si*

(1) *$\mathbb{W}$ contient l'élément neutre $\vec{0}$ de $\mathbb{V}$ pour l'addition,*

(2) *$\forall(\vec{u}, \vec{v}) \in \mathbb{W} \times \mathbb{W}, \vec{u} + \vec{v} \in \mathbb{W}$,*

(3) *$\forall(\lambda, \vec{v}) \in \mathbb{K} \times \mathbb{W}, \lambda \cdot \vec{v} \in \mathbb{W}$.*

Démonstration. Si le sous-ensemble $\mathbb{W}$ est un espace vectoriel muni de l'addition et de la multiplication scalaire définies sur $\mathbb{V}$, alors il possède d'emblée ces trois propriétés. Réciproquement, si $\mathbb{W}$ a ces propriétés, on peut facilement vérifier que $\mathbb{W}$ est un espace vectoriel.

□

Certains auteurs utilisent cette caractérisation comme définition. On notera que $\{\vec{0}\}$ est le sous-espace trivial de tout espace vectoriel $\mathbb{V}$ et qu'un sous-espace non-trivial $\mathbb{W}$ de $\mathbb{V}$ est *propre* si et seulement si $\mathbb{W} \neq \mathbb{V}$, ce qui s'exprime formellement ainsi:

$$\{\vec{0}\} \subset \mathbb{W} \subset \mathbb{V}.$$

PROPOSITION 2.25. *L'intersection de deux sous-espaces vectoriels est un sous-espace vectoriel.*

DÉMONSTRATION. Soit $\mathbb{U}$ et $\mathbb{W}$ deux sous-espaces de $\mathbb{V}$. Alors

(1) $\vec{0} \in \mathbb{U}$ et $\vec{0} \in \mathbb{W}$, donc $\vec{0} \in \mathbb{U} \cap \mathbb{W}$.

(2) Si $\vec{u}$ et $\vec{w}$ appartiennent à $\mathbb{U} \cap \mathbb{W}$, alors $\vec{u} + \vec{w}$ est par définition dans les sous-espaces $\mathbb{U}$ et $\mathbb{W}$, autrement dit dans leur intersection.

(3) Si $\lambda \in \mathbb{K}$ et $\vec{w}$ appartient à $\mathbb{U} \cap \mathbb{W}$, alors $\lambda \cdot \vec{w}$ est par définition dans les sous-espaces $\mathbb{U}$ et $\mathbb{W}$, autrement dit dans leur intersection.

□

REMARQUE 2.26. Il convient de noter que l'union de deux sous-espaces n'en n'est pas nécessairement un. Considérons, par exemple, les sous-espaces $X = \{(x, 0) \in \mathbb{R}^2\}$ et $Y = \{(0, y) \in \mathbb{R}^2\}$ de $\mathbb{R}^2$. Il est clair que si x et y sont des nombres réels non nuls, alors $(x, 0) + (0, y) = (x, y) \notin X \cup Y$.

DÉFINITION 2.27. La somme de deux sous-espaces $\mathbb{U}$ et $\mathbb{W}$ de $\mathbb{V}$ est l'ensemble:

$$\mathbb{U} + \mathbb{W} = \{\vec{v} \in \mathbb{V} : \vec{v} = \vec{u} + \vec{w},\ \vec{u} \in \mathbb{U}, \vec{w} \in \mathbb{W}\}.$$

PROPOSITION 2.28. *La somme de deux sous-espaces $\mathbb{U}$ et $\mathbb{W}$ d'un espace vectoriel $\mathbb{V}$ est aussi un sous-espace.*

DÉMONSTRATION. D'abord $\vec{0} \in \mathbb{U} + \mathbb{W}$ parce que $\vec{0} + \vec{0} = \vec{0} \in \mathbb{U} \cap \mathbb{W}$. Ensuite, si $\vec{v} = \vec{u} + \vec{w}$, $\vec{u} \in \mathbb{U}, \vec{w} \in \mathbb{W}$ et $\vec{v}_1 = \vec{u}_1 + \vec{w}_1$, $\vec{u}_1 \in \mathbb{U}, \vec{w}_1 \in \mathbb{W}$ alors

$$\vec{v} + \vec{v}_1 = (\vec{u} + \vec{u}_1) + (\vec{w} + \vec{w}_1),\ \vec{u} + \vec{u}_1 \in \mathbb{U}, \vec{w} + \vec{w}_1 \in \mathbb{W},$$

en d'autre termes $\vec{v} + \vec{v}_1 \in \mathbb{U} + \mathbb{W}$. Enfin, si $\vec{v} = \vec{u} + \vec{w}$, $\vec{u} \in \mathbb{U}, \vec{w} \in \mathbb{W}$ alors

$$\forall \lambda \in \mathbb{K},\ \lambda \cdot \vec{v} = \lambda \cdot \vec{u} + \lambda \cdot \vec{w},\ \lambda \cdot \vec{u} \in \mathbb{U}, \lambda \cdot \vec{w} \in \mathbb{W},$$

donc, $\lambda \cdot \vec{v} \in \mathbb{U} + \mathbb{W}$.

□

Il est clair que $\mathbb{U}$ et $\mathbb{W}$ sont des sous-espaces de $\mathbb{U}+\mathbb{W}$ puisque $\forall \vec{u} \in \mathbb{U}, \vec{u} = \vec{u}+\vec{0}$ et $\forall \vec{w} \in \mathbb{W}, \vec{w} = \vec{0}+\vec{w}$. Donc

$$\mathbb{U} \cap \mathbb{W} \subseteq \mathbb{U}+\mathbb{W}.$$

Exemple 2.29. Dans l'espace $\mathbb{R}^3$, les deux droites paramétriques $L_1(t) = t\vec{u}$ et $L_2(s) = s\vec{v}$ sont deux sous-espaces dont la somme $L_1 + L_2$ est le plan qu'elles définissent.

Si la décomposition de chaque vecteur $\vec{v}$ dans la somme $\mathbb{U}+\mathbb{W}$ est unique, c'est-à-dire $\exists!(\vec{u},\vec{w}) \in \mathbb{U}\times\mathbb{W}$ satisfaisant l'équation $\vec{v} = \vec{u}+\vec{w}$, on dit que la somme est directe et on écrit $\mathbb{U}\oplus\mathbb{W}$ de préférence. La somme directe est un objet mathématique de grande importance.

L'unicité de la décomposition caractérisant la somme directe est équivalente à la quasi-disjonction des sous-espaces.

Proposition 2.30. *La somme $\mathbb{U}+\mathbb{W}$ de deux sous-espaces est directe si et seulement si $\mathbb{U}\cap\mathbb{W} = \{\vec{0}\}$.*

Démonstration. Supposons que chaque vecteur de $\mathbb{U}+\mathbb{W}$ se décompose de manière unique. Si $\mathbb{U}\cap\mathbb{W} \neq \{\vec{0}\}$ on pourra y choisir un vecteur $\vec{v} \neq \vec{0}$ de sorte qu'on puisse écrire $\vec{v} = \vec{0}+\vec{v} = \vec{v}+\vec{0}$ de deux manières différentes. Mais c'est une contradiction de l'hypothèse de la décomposition unique.

Inversement, si $\vec{v} \in \mathbb{U}\oplus\mathbb{W}$ et se décompose en deux différentes sommes

$$\vec{v} = \vec{u}+\vec{w} = \vec{u}_1+\vec{w}_1,$$

alors

$$\vec{0} = \vec{v}-\vec{v} = (\vec{u}-\vec{u}_1)+(\vec{w}-\vec{w}_1) \Rightarrow (\vec{u}-\vec{u}_1) = (\vec{w}_1-\vec{w}) \in \mathbb{U}\cap\mathbb{W}.$$

Donc, par hypothèse,

$$\vec{u}-\vec{u}_1 = \vec{w}_1-\vec{w} = \vec{0} \Rightarrow \vec{u} = \vec{u}_1 \text{ et } \vec{w} = \vec{w}_1.$$

□

Exercice 2.31. Soit $W_1 = \{(x,x) : x \in \mathbb{R}\}$ et $W_2 = \{(x,-x) : x \in \mathbb{R}\}$.

(1) Montrer que $\mathbb{W}_1$ et $\mathbb{W}_2$ sont des sous-espaces de $\mathbb{R}^2$.
(2) Montrer que $\mathbb{R}^2 = \mathbb{W}_1+\mathbb{W}2$, c'est-à-dire que tout couple de nombres réels $(x,y) = \vec{w}_1+\vec{w}_2$ avec $w_1 \in \mathbb{W}_1$ et $\vec{w}_2 \in \mathbb{W}_2$.
(3) Déterminer si $\mathbb{R}^2 = \mathbb{W}_1\oplus\mathbb{W}2$.

Exercice 2.32. Soit

$$W_1 = \{(x,y,z,t) : x+y+z=0, x+2y-z=0, (x,y,z,t) \in \mathbb{R}^4\}$$

et

$$W_2 = \{(a,2a,3a,b) : (a,b) \in \mathbb{R}^2\}.$$

(1) Montrer que $\mathbb{W}_1$ et $\mathbb{W}_2$ sont des sous-espaces de $\mathbb{R}^4$.

(2) Décrire la somme $\mathbb{W}_1 + \mathbb{W}_2$. Est-elle directe?

Exercice 2.33. Soit $W_1 = \{(x,2x) : x \in \mathbb{R}\}$ et $W_2 = \{(x,3x) : x \in \mathbb{R}\}$.

(1) Montrer que $\mathbb{W}_1$ et $\mathbb{W}_2$ sont des sous-espaces de $\mathbb{R}^2$.

(2) Calculer la somme $\mathbb{W}_1 + \mathbb{W}2$.

(3) Déterminer si $\mathbb{R}^2 = \mathbb{W}_1 \oplus \mathbb{W}_2$.

Exercice 2.34. Supposer que $n \geq 2$,

$$\mathbb{W}_1 = \{(x_1, x_2, \cdots, x_n) \in \mathbb{R}^n : \sum_{i=1}^{n} x_i = 0\}$$

et

$$\mathbb{W}_2 = \{(x_1, x_2, \cdots, x_n) \in \mathbb{R}^n : \sum_{i=1}^{n} (-1)^i x_i = 0\}.$$

Montrer que W_1 et W_2 sont des sous-espaces de $\mathbb{R}^n$, que $\mathbb{R}^n = \mathbb{W}_1 + \mathbb{W}_2$ et que cette somme est directe si et seulement si $n = 2$.

Exercice 2.35. Soit

$$U_2(\mathbb{R}) = \left\{ \begin{pmatrix} a & b \\ 0 & c \end{pmatrix} : (a,b,c) \in \mathbb{R}^3 \right\},$$

l'ensemble des matrices triangulaires réelles supérieures d'ordre 2, et

$$L_2(\mathbb{R}) = \left\{ \begin{pmatrix} d & 0 \\ e & f \end{pmatrix} : (d,e,f) \in \mathbb{R}^3 \right\},$$

l'ensemble des matrices réelles triangulaires inférieures d'ordre 2.

Montrer que $U_2(\mathbb{R})$ et $L(2)\mathbb{R}$ sont des sous-espaces, que

$$M_2(\mathbb{R}) = U_2(\mathbb{R}) + L_2(\mathbb{R}),$$

et que cette somme n'est pas directe.

Montrer que la somme $M_n(\mathbb{R}) = U_n(\mathbb{R}) + L_n(\mathbb{R})$ n'est pas directe quand $n > 2$.

EXERCICE 2.36. Soit

$$S_2(\mathbb{R}) = \left\{ \begin{pmatrix} a & b \\ b & c \end{pmatrix} : (a, b, c) \in \mathbb{R}^3 \right\},$$

l'ensemble des matrices symétriques réelles d'ordre 2, et

$$A_2(\mathbb{R}) = \left\{ \begin{pmatrix} 0 & y \\ -y & 0 \end{pmatrix} : (x, y, z) \in \mathbb{R}^3 \right\},$$

l'ensemble des matrices antisymétriques réelles d'ordre 2. Montrer que $S_2(\mathbb{R})$ et $A_2(\mathbb{R})$ sont des sous-espaces de $M_2(\mathbb{R})$ et que $M_2(\mathbb{R}) = S_2(\mathbb{R}) \oplus A_2(\mathbb{R})$.

DÉFINITION 2.37. La *transposée* d'une matrice A est la matrice A^T obtenue en échangeant les lignes et les colonnes de A.

Il est clair que $(A^T)^T = A$.

Par exemple, si $A = \begin{pmatrix} a & b & c \\ d & e & f \end{pmatrix}$, alors $A^T = \begin{pmatrix} a & d \\ b & e \\ c & f \end{pmatrix}$ et $(A^T)^T = \begin{pmatrix} a & b & c \\ d & e & f \end{pmatrix}$.

DÉFINITION 2.38. Une matrice carrée d'ordre n est *symétrique* si $A = A^T$. Elle est *antisymétrique* si $A = -A^T$.

EXERCICE 2.39. Soit A une matrice carrée d'ordre n.

(1) Montrer que $S = A + A^T$ est symétrique tandis que $P = A - A^T$ est antisymétrique.
(2) Vérifier que $\forall A \in M_n(\mathbb{R}), A = \frac{1}{2}S + \frac{1}{2}P$.
(3) Montrer que $S_n(\mathbb{R})$, l'ensemble des matrices symétriques réelles d'ordre n, et $A_n(\mathbb{R})$, l'ensemble des matrices antisymétriques réelles d'ordre n, sont des sous-espaces de $M_n(\mathbb{R})$ et que $M_n(\mathbb{R}) = S_n(\mathbb{R}) \oplus A_n(\mathbb{R})$.

2.0.1. Espace vectoriel quotient. Nous savons qu'une droite d'équaton paramétrique $L(t) = t \cdot \begin{bmatrix} u_1 \\ u_2 \end{bmatrix}$ est un sous-espace de $\mathbb{R}^2$, et toute droite parallèle à $L(t)$ s'obtient en ajoutant un vecteur constant $\vec{v}$ à $L(t)$ pour obtenir l'équation:

$$\vec{v} + L(t) = \{\vec{v} + \vec{u} : \vec{u} \in L(t)\}.$$

Alors, vérifier que $\mathbb{R}^2/L(t)$, l'ensemble des droites du plan parallèles à $L(t)$, muni de l'addition

$$[\vec{v} + L(t)] + [\vec{w} + L(t)] = (\vec{v} + \vec{w}) + L(t),$$

et de la multiplication

$$\forall \lambda \in \mathbb{R}, \lambda \cdot [\vec{v} + L(t)] = \lambda \cdot \vec{v} + L(t)$$

est un espace vectoriel réel. C'est une construction canonique d'un espace vectoriel quotient, *la division de* $\mathbb{R}^2$ *par* $L(t)$. C'est aussi un outil incroyablement performant pour simplifier l'étude de certains importants espaces en mathématiques.

Réalisant que le parallélisme est une relation d'équivalence et que les droites parallèles en sont les classes d'équivalence, nous pouvons généraliser cette notion à tout espace vectoriel $\mathbb{V}$ et un sous-espace $\mathbb{W}$.

PROPOSITION 2.40. *Soit* $\mathbb{V}$ *un espace vectoriel sur un corps* $\mathbb{K}$ *et* $\mathbb{W}$ *un sous-espace de* $\mathbb{V}$. *La relation* $\mathfrak{R}$ *sur* $\mathbb{V}$ *telle que* $\vec{v}_1 \mathfrak{R} v_2 \iff \vec{v}_1 - \vec{v}_2 \in \mathbb{W}$, *est une relation d'équivalence. L'ensemble des classes d'équivalence de* $\mathfrak{R}$ *est un espace vectoriel sur* $\mathbb{K}$ *dénoté par* $\mathbb{V}/\mathbb{W}$.

DÉMONSTRATION. $\mathfrak{R}$ est réflexive:

$$\forall \vec{v} \in \mathbb{V}, \vec{v} \mathfrak{R} \vec{v} \text{ parce que } \vec{v} - \vec{v} = \vec{0} \in \mathbb{W}.$$

$\mathfrak{R}$ est symétrique:

$$\vec{v}_1 \mathfrak{R} \vec{v}_2 \iff \vec{v}_1 - \vec{v}_2 \in \mathbb{W} \iff \vec{v}_2 - \vec{v}_1 \in \mathbb{W} \iff \vec{v}_2 \mathfrak{R} \vec{v}_1.$$

$\mathfrak{R}$ est transitive:

si $\vec{v}_1 \mathfrak{R} \vec{v}_2$ and $\vec{v}_2 \mathfrak{R} \vec{v}_3$, alors $\vec{v}_1 - \vec{v}_2 \in \mathbb{W}$ and $\vec{v}_2 - \vec{v}_3 \in \mathbb{W}$. Donc, $(\vec{v}_1 - \vec{v}_2) + (\vec{v}_2 - \vec{v}_3) = \vec{v}_1 - \vec{v}_3 \in \mathbb{W} \iff \vec{v}_1 \mathfrak{R} \vec{v}_3$,. Donc, $\mathfrak{R}$ est en effet une relation d'équivalence.

La classe d'équivalence $[\vec{v}]$ d'un vecteur $\vec{v}$ est l'ensemble des vecteurs $\vec{u} \in \mathbb{V}$ tels que $\vec{v} - \vec{u} = \vec{w} \in \mathbb{W}$ ou $\vec{u} = \vec{v} + \vec{w}$.

On écrit $[v] = \vec{v} + \mathbb{W}$ et $\mathbb{V}/\mathbb{W}$, prononcé «$\mathbb{V}$ modulo $\mathbb{W}$» ou «$\mathbb{V}$ mod $\mathbb{W}$» pour désigner l'ensemble de ces classes d'équivalence.

Définissons une addition et une multiplication scalaire sur $\mathbb{V}/\mathbb{W}$:

(1) $[\vec{v}] + [\vec{v}'] = (\vec{v} + \mathbb{W}) + (\vec{v}' + \mathbb{W}) = (\vec{v} + \vec{v}') + \mathbb{W} = [\vec{v} + \vec{v}']$
(2) $\forall \lambda \in \mathbb{K}, \lambda \cdot [v] = \lambda \cdot (\vec{v} + \mathbb{W}) = \lambda \cdot \vec{v} + \mathbb{W} = [\lambda \cdot \vec{v}]$.

Il nous faut maintenant démontrer que ces deux opérations ne dépendent pas des représentants des classes, en d'autres termes, qu'elles sont *bien définies.* Supposons que $v_1 \mathfrak{R} \vec{u}_1$ et $v_2 \mathfrak{R} \vec{u}_2$, alors $\vec{v}_1 - \vec{u}_1$ et $\vec{v}_2 - \vec{u}_2$ appartiennent à $\mathbb{W}$, il s'ensuit que

$$(\vec{v}_1 - \vec{u}_1) + (\vec{v}_2 - \vec{u}_2) = (\vec{v}_1 + \vec{v}_2) - (\vec{u}_1 + \vec{u}_2) \in \mathbb{W}$$

parce que $\mathbb{W}$ est un sous-espace. Donc, $(\vec{v}_1 + \vec{v}_2) \mathfrak{R} (\vec{u}_1 + \vec{u}_2)$ et $[v_1 + \vec{v}_2] = [\vec{u}_1 + \vec{u}_2]$.

Supposons que $\vec{v}_1 \mathfrak{R} \vec{u}_1$. Alors, pour $\lambda \in \mathbb{R}$, on a

$$\lambda \cdot (\vec{v}_1 - \vec{u}_1) = (\lambda \cdot \vec{v}_1 - \lambda \cdot \vec{v}_2) \in \mathbb{W}$$

parce que $\mathbb{W}$ est un sous-espace. Donc, $(\lambda \cdot \vec{v}_1)\mathfrak{R}(\lambda \cdot \vec{v}_2)$ et $[\lambda \cdot \vec{v}_1] = [\lambda \cdot \vec{v}_2]$.

L'addition et la multiplication scalaire sont en effet bien définies. Observons que dans cet espace quotient, $\mathbb{W}$ est l'élément neutre pour l'addition parce que $[\vec{0}] = \mathbb{W}$. Nous laissons à la lectrice le soin de vérifier tous les axiomes qui confèrent à $\mathbb{V}/\mathbb{W}$ une structure d'espace vectoriel sur $\mathbb{K}$.

□

Exemple 2.41. Les classes d'équivalence de l'espace quotient $\mathbb{V}/\{\vec{0}\}$ sont déterminées par $\vec{x}\mathfrak{R}\vec{y} \iff \vec{x} - \vec{y} = \vec{0} \iff \vec{x} = \vec{y}$. Donc, $\forall \vec{x} \in \mathbb{V}, [\vec{x}] = \{\vec{x}\}$, c'est-à-dire $\mathbb{V}/\{\vec{0}\} \equiv \mathbb{V}$.

□

Exemple 2.42. Une classe d'équivalence de l'espace quotient $\mathbb{V}/\mathbb{V}$ est déterminée par $\vec{x}\mathfrak{R}\vec{y} \iff \vec{x} - \vec{y} \in \mathbb{V}$, ce qui est toujours vrai parce que $\mathbb{V}$ est un espace vectoriel. Donc, $\forall \vec{x} \in \mathbb{V}, [\vec{x}] = \mathbb{V}$, $\mathbb{V}/\mathbb{V}$ est un espace vectoriel ne contenant qu'un seul élément, nécessairement $\mathbb{V}/\mathbb{V} \equiv \{\vec{0}\}$.

□

Exercice 2.43. Soit une somme directe $\mathbb{V} = \mathbb{U} \oplus \mathbb{W}$ et une relation d'équivalence $\mathfrak{R}$ sur $\mathbb{V}$ définie comme suit: si $\vec{v}_1 = \vec{u}_1 + \vec{w}_1$ et $\vec{v}_2 = \vec{u}_2 + \vec{w}_2$ appartiennent à $\mathbb{V}$ alors: $\vec{v}_1 \mathfrak{R} \vec{v}_2 \iff \vec{v}_1 - \vec{v}_2 \in \mathbb{W}$.

(1) Décrire l'espace quotient $\mathbb{V}/\mathbb{W}$.
(2) Décrire l'espace quotient $\mathbb{V}/\mathbb{U}$.
(3) Illustrer ces espaces quotients lorsque

$$\mathbb{V} = \mathbb{R}^2 = \mathbb{R} \oplus \mathbb{R} \text{ et } \mathbb{V} = \mathbb{R}^3 = \mathbb{R}^2 \oplus \mathbb{R}.$$

Exercice 2.44. Soit $\mathbb{V}$ un sous-espace de $\mathbb{R}^n$. Il convient de rappeler que selon notre notation, le produit scalaire sur $\mathbb{R}^n$ est défini comme

$$\vec{u} \cdot \vec{v} = \sum_{i=1}^{n} u_i v_i.$$

Montrer que l'ensemble $\mathbb{V}^{\perp} = \{\vec{u} \in \mathbb{R}^n : \vec{u} \cdot \vec{v} = 0, \ \forall \vec{v} \in \mathbb{V}\}$ est un sous-espace de $\mathbb{R}^n$. $V^{\perp}$ est *l'orthogonal* de $\mathbb{V}$ dans $\mathbb{R}^n$.

Familles Génératrices et Bases

Il est de coutume de formuler la définition d'un objet mathématique en soulignant ses caractéristiques primaires. Après, viennent les théorèmes qui l'enveloppent dans la thèse envisagée. Cependant, il convient de le présenter sous une forme raisonnablement concise permettant d'effectuer les calculs nécessaires à l'élaboration de modèles concrets où l'on peut élucider des questions inattendues, éclaircir des points de vue controversés mais importants pour des raisons philosophiques, artistiques, voire scientifiques, ou calmer les ardeurs malveillantes de certains hypocrites mal peignés. L'apprenti mathématicien est donc appelé à développer une clairvoyante sensibilité au «rasoir d'Ockham».

Pour définir l'ensemble des nombres naturels, on commence avec le nombre 1, ensuite on additionne 1 et 1 pour obtenir 2, puis 2 et 1 pour obtenir 3, et ainsi de suite. Donc, on peut clairement engendrer l'ensemble des nombres naturels à partir de 1. Nous allons montrer qu'en général, les espaces vectoriels sont toujours engendrés par des parties que nous appellerons des *familles génératrices* et qu'on peut les construire.

Définition 2.45 (Combinaison linéaire). Une *combinaison linéaire* d'un ensemble de vecteurs $\{\vec{v}_1, \vec{v}_2, \cdots, \vec{v}_m\}$ dans un espace vectoriel $\mathbb{V}$ est un vecteur $\vec{v} = \sum_{k=1}^{m} a_k\vec{v}_k \equiv a_1\vec{v}_1 + a_2\vec{v}_2 + \cdots + a_m\vec{v}_m$, les coefficients $a_i \in \mathbb{K}$.

Exemple 2.46. Le vecteur $\vec{v} = \begin{bmatrix} 1 \\ 2 \\ -3 \end{bmatrix}$ n'est pas une combinaison linéaire des vecteurs $\vec{v}_1 = \begin{bmatrix} 2 \\ 0 \\ 3 \end{bmatrix}$ et $\vec{v}_2 = \begin{bmatrix} 0 \\ 2 \\ 3 \end{bmatrix}$ parce qu'il n'existe pas de nombres réels α et β tels que $\vec{v} = \alpha\vec{v}_1 + \beta\vec{v}_2$, cette équation n'a pas de solution. En effet, nous devrions résoudre le système:

$$\begin{cases} 2\alpha = 1 \\ 2\beta = 2 \\ 3\alpha + 3\beta = -3 \end{cases}$$

pour obtenir $\alpha = \frac{1}{2}$, $\beta = 1$ et $\frac{3}{2} + 3 = -3$. La troisième équation est impossible. Donc, $\vec{v}$ n'est pas dans le plan engendré par $\vec{v}_1$ et $\vec{v}_2$.

□

EXEMPLE 2.47. Par contre, le vecteur $\vec{v} = \begin{bmatrix} 7 \\ 8 \\ 9 \end{bmatrix}$ est une combinaison linéaire des vecteurs $\vec{v}_1 = \begin{bmatrix} 1 \\ 2 \\ 3 \end{bmatrix}$ et $\vec{v}_2 = \begin{bmatrix} 4 \\ 5 \\ 6 \end{bmatrix}$ parce qu'on peut résoudre le système:

$$\begin{cases} \alpha + 4\beta = 7 \\ 2\alpha + 5\beta = 8 \\ 3\alpha + 6\beta = 9 \end{cases}$$

entre autres, par la méthode de Gauss sur cette matrice augmentée:

$$\left(\begin{array}{cc|c} 1 & 4 & 7 \\ 2 & 5 & 8 \\ 3 & 6 & 9 \end{array}\right) \to \left(\begin{array}{cc|c} 1 & 4 & 7 \\ 0 & -3 & -6 \\ 0 & -6 & -12 \end{array}\right) \to \left(\begin{array}{cc|c} 1 & 4 & 7 \\ 0 & -3 & -6 \\ 0 & 0 & 0 \end{array}\right) \to \left(\begin{array}{cc|c} 1 & 4 & 7 \\ 0 & 3 & 6 \end{array}\right)$$

pour obtenir l'équivalent système

$$\begin{cases} \alpha + 4\beta = 7 \\ 3\beta = 6 \end{cases}$$

qui donne $\beta = 2$ et $\alpha = -1$. Donc, $\vec{v} = -\vec{v}_1 + 2\vec{v}_2$ et se trouve dans le plan engendré par $\vec{v}_1$ et $\vec{v}_2$.

□

EXERCICE 2.48. Déterminer si le vecteur $\vec{v} = \begin{bmatrix} 4 \\ 3 \\ 2 \end{bmatrix}$ est une combinaison linéaire des vecteurs $\vec{v}_1 = \begin{bmatrix} 1 \\ 2 \\ 3 \end{bmatrix}$, $\vec{v}_2 = \begin{bmatrix} 0 \\ 5 \\ 6 \end{bmatrix}$ et $\vec{v}_3 = \begin{bmatrix} -1 \\ 2 \\ 7 \end{bmatrix}$.

DÉFINITION 2.49. Soit $S = [\vec{v}_1, \vec{v}_2, \cdots, \vec{v}_m]$ une famille non-vide de vecteurs non nécessairement distincts d'un espace vectoriel $\mathbb{V}$. *L'espace engendré* par S est l'ensemble de toutes les combinaisons linéaires des vecteurs de S dénoté par

$$\langle S \rangle = \sum_{k=1}^{m} a_k \vec{v}_k, \ a_i \in \mathbb{K}.$$

On dit que S est une *famille génératrice* de $\langle S \rangle$.

PROPOSITION 2.50. *$\langle S \rangle$ est toujours un sous-espace de $\mathbb{V}$.*

DÉMONSTRATION. On maintient la notation précédente. D'abord,

$$\vec{0} = \sum_{k=1}^{m} 0\vec{v}_k,$$

ensuite on a:

$$\sum_{k=1}^{m} a_k\vec{v}_k + \sum_{k=1}^{m} b_k\vec{v}_k = \sum_{k=1}^{m}(a_k + b_k)\vec{v}_k, \;\; a_i + b_i \in \mathbb{K},$$

et pour chaque $\lambda \in \mathbb{K}$,

$$\lambda \cdot \sum_{k=1}^{m} a_k\vec{v}_k = \sum_{k=1}^{m} \lambda\vec{a}_k\vec{v}_k, \lambda a_i \in \mathbb{K}.$$

Donc, les trois conditions sont vérifiées.

□

EXEMPLE 2.51. On peut interpréter la résolution du système

$$\begin{cases} 2x + 4y + 6z = 0 \\ 4x + 5y + 6z = 3 \\ 7x + 8y + 9z = 6 \end{cases}$$

comme un moyen de déterminer si le vecteur $\begin{bmatrix} 0 \\ 3 \\ 6 \end{bmatrix}$ est dans l'espace engendré par les colonnes de la matrice $\begin{pmatrix} 2 & 4 & 6 \\ 4 & 5 & 6 \\ 7 & 8 & 9 \end{pmatrix}$ en écrivant le système sous la forme vectorielle suivante:

$$x \begin{bmatrix} 2 \\ 4 \\ 7 \end{bmatrix} + y \begin{bmatrix} 4 \\ 5 \\ 8 \end{bmatrix} + z \begin{bmatrix} 6 \\ 6 \\ 9 \end{bmatrix} = \begin{bmatrix} 0 \\ 3 \\ 6 \end{bmatrix}.$$

On notera que *l'image* d'une matrice est par définition l'espace engendré par ses colonnes. On dit alors que résoudre un système d'équations linéaires, c'est déterminer si un vecteur se trouve dans l'espace engendré par des vecteurs donnés. Donc, c'est un problème à caractère autant géométrique qu'algébrique. Le lecteur bénéficierait grandement de ce point de vue.

□

Il est clair que le vecteur $\vec{v} = \begin{bmatrix} -1 \\ -1 \\ -1 \end{bmatrix} \in \left\langle \vec{v}_1 = \begin{bmatrix} 2 \\ 2 \\ 2 \end{bmatrix}, \vec{v}_2 = \begin{bmatrix} -4 \\ -4 \\ -4 \end{bmatrix} \right\rangle$ parce que $\vec{v} = -\frac{1}{2}\vec{v}_1 + 0\vec{v}2 = 0\vec{v}_1 + \frac{1}{4}\vec{v}_2$. Un moment de réflection nous permet de voir qu'en effet $\vec{v}_1$ et $\vec{v}_2$ sont collinéaires et que

$$\langle \vec{v}_1, \vec{v}_2 \rangle = \left\langle \begin{bmatrix} 1 \\ 1 \\ 1 \end{bmatrix} \right\rangle.$$

Donc, l'un des deux vecteurs est redondant et, selon le principe minimaliste du rasoir d'Ockham, il doit être écarté. Nous allons maintenant formaliser ce principe dans le cadre des espaces vectoriels.

DÉFINITION 2.52. Une famille non vide $S = [\vec{v}_1, \vec{v}_2, \cdots, \vec{v}_m]$ d'un espace vectoriel $\mathbb{V}$ est dite *libre ou linéairement indépendante* si $\forall (a_1, a_2, \cdots, a_m) \in \mathbb{K}^m$:

$$a_1\vec{v}_1 + a_2\vec{v}_2 + \cdots + a_m\vec{v}_m = \vec{0} \Rightarrow a_1 = a_2 = \cdots = a_m = 0,$$

en d'autres termes, si la combinaison linéaire est nulle, alors tous ses coefficients doivent l'être aussi. Sinon, la famille est dite *liée ou linéairement dépendante.*

EXEMPLE 2.53. La famille $\left\{ \begin{bmatrix} 7 \\ 8 \\ 9 \end{bmatrix}, \begin{bmatrix} 1 \\ 2 \\ 3 \end{bmatrix}, \begin{bmatrix} 4 \\ 5 \\ 6 \end{bmatrix} \right\}$ est liée parce que comme nous l'avons déjà vu,

$$\begin{bmatrix} 7 \\ 8 \\ 9 \end{bmatrix} + \begin{bmatrix} 1 \\ 2 \\ 3 \end{bmatrix} - 2 \begin{bmatrix} 4 \\ 5 \\ 6 \end{bmatrix} = \begin{bmatrix} 0 \\ 0 \\ 0 \end{bmatrix}.$$

et les coefficients sont $(1, 1, -2)$, donc pas tous nuls.

□

EXEMPLE 2.54. Pour déterminer si la famille $\left\{ \begin{bmatrix} 2 \\ 2 \\ 4 \end{bmatrix}, \begin{bmatrix} 8 \\ 5 \\ 10 \end{bmatrix}, \begin{bmatrix} 4 \\ 1 \\ -1 \end{bmatrix} \right\}$ est libre, il faut résoudre le système

$$\begin{pmatrix} 2 & 8 & 4 \\ 2 & 5 & 1 \\ 4 & 10 & -1 \end{pmatrix} \begin{bmatrix} x \\ y \\ z \end{bmatrix} = \begin{bmatrix} 0 \\ 0 \\ 0 \end{bmatrix}.$$

en utilisant le principe d'élimination de Gauss sur cette matrice augmentée

$$\left(\begin{array}{ccc|c} 2 & 8 & 4 & 0 \\ 2 & 5 & 1 & 0 \\ 4 & 10 & -1 & 0 \end{array}\right) \to \left(\begin{array}{ccc|c} 1 & 4 & 2 & 0 \\ 0 & -3 & -3 & 0 \\ 0 & -6 & -9 & 0 \end{array}\right) \to \left(\begin{array}{ccc|c} 1 & 4 & 2 & 0 \\ 0 & -3 & -3 & 0 \\ 0 & 0 & 3 & 0 \end{array}\right)$$

pour arriver au système $\begin{cases} x + 4y + 2z = 0 \\ \quad 3y + 3z = 0 \\ \qquad 3z = 0 \end{cases}$.

Donc, la famille est libre parce que:

$$x \begin{bmatrix} 2 \\ 2 \\ 4 \end{bmatrix} + y \begin{bmatrix} 8 \\ 5 \\ 10 \end{bmatrix} + z \begin{bmatrix} 4 \\ 1 \\ -1 \end{bmatrix} = \begin{bmatrix} 0 \\ 0 \\ 0 \end{bmatrix} \iff x = y = z = 0.$$

□

Noter qu'on pourrait aboutir à la même conclusion en calculant le déterminant

$\begin{vmatrix} 2 & 8 & 4 \\ 2 & 5 & 1 \\ 4 & 10 & -1 \end{vmatrix} = 18$, impliquant que la solution est unique, donc nulle.

Le lecteur peut toujours utiliser d'autres techniques pour résoudre de petits systèmes d'équations. Cependant, la méthode d'élimination de Gauss est plus adéquate pour travailler sur des systèmes de tailles moyennes. Elle possède aussi d'autres propriétés algorithmiques et géométriques assez édifiantes. Ceci étant, il convient de savoir que, de nos jours, ces calculs se font sur ordinateur par le biais de logiciels bien connus tels que Mathematica, Matlab, Wolfram Alpha, Python, Octave etc. Mais, il y a une différence marquante entre un résultat essentiellement opaque craché par une machine, et son interprétation mathématique. Cette dernière, en général, requiert une connaissance plus approfondie des perspectives savantes historiques et contemporaines. Matière à ruminer.

EXERCICE 2.55. Les familles suivantes sont-elles libres?

(1) $\left\{ \begin{bmatrix} 1 \\ 2 \end{bmatrix}, \begin{bmatrix} 2 \\ 3 \end{bmatrix}, \begin{bmatrix} 4 \\ 1 \end{bmatrix} \right\}$ $\quad \left\{ \begin{bmatrix} 1 \\ 1 \\ 1 \end{bmatrix}, \begin{bmatrix} 1 \\ 2 \\ 3 \end{bmatrix}, \begin{bmatrix} 1 \\ 3 \\ 6 \end{bmatrix} \right\}$

(2) $\left\{ \begin{bmatrix} 1 \\ 1 \\ 1 \\ 1 \end{bmatrix}, \begin{bmatrix} 1 \\ 2 \\ 3 \\ 4 \end{bmatrix}, \begin{bmatrix} 1 \\ 3 \\ 6 \\ 9 \end{bmatrix} \right\}$

(3) $\{x+1, x^2+3x, x^2+x+2\}$ dans $\mathcal{P}_2$ l'espace vectoriel des polynômes réels de degré plus petit ou égal à 2. Est-elle génératrice?

(4) $\{x^2+2x+3, 4x^2+5x+6, 7x^2+8x+9\}$ dans $\mathcal{P}_2$.

(5) $\left\{\begin{pmatrix} 1 & -1 \\ 2 & 3 \end{pmatrix}, \begin{pmatrix} 2 & -1 \\ -1 & 1 \end{pmatrix}, \begin{pmatrix} -1 & 0 \\ 3 & 2 \end{pmatrix}\right\}$ dans $M_2(\mathbb{R})$.

EXERCICE 2.56. Soit $\vec{u}, \vec{v}$ et $\vec{w}$ trois vecteurs libres dans $\mathbb{V}$. Montrer que

- $\vec{u}+\vec{v}, \vec{u}+\vec{w},$ et $\vec{v}+\vec{w}$ sont linéairement indépendants.
- $\vec{u}-\vec{v}, \vec{u}-\vec{w},\ \vec{v}-\vec{w}$ sont linéairement dépendants.

EXERCICE 2.57. Montrer que $\vec{u}, \vec{v}$ et $\vec{w}$ trois vecteurs dans $\mathbb{V}$ sont libres si et seulement si $\vec{u}+\alpha\vec{v}+\beta\vec{w}, \vec{v}, \vec{w}$ $(\alpha, \beta \in \mathbb{K})$ sont libres aussi.

REMARQUE 2.58. Noter que si une famille $[\vec{v}_1, \vec{v}2, \cdots, \vec{v}_l]$ est libre, alors les vecteurs $\vec{v}_i$ sont tous non nuls sinon on pourrait écrire

$$0 \cdot \vec{v}_1 + 0 \cdot \vec{v}_2 + \cdots + 0 \cdot \vec{v}_{i-1} + 1 \cdot \vec{0} + 0 \cdot \vec{v}_{i+1} + \cdots + 0 \cdot \vec{v}_l = \vec{0},$$

ce qui est une contradiction du fait que la famille est libre.

EXERCICE 2.59. Montrer que dans une famille liée, on peut toujours exprimer un des vecteurs comme une combinaison linéaire des autres et que dans une famille libre tous les vecteurs sont distincts.

EXERCICE 2.60. Soit deux sous-espaces $\mathbb{U}$ et $\mathbb{W}$ de $\mathbb{V}$ tels que $\mathbb{U} \cap \mathbb{W} = \{\vec{0}\}$. Si $[\vec{u}_1, \vec{u}_2, \cdots, \vec{u}_l]$ est une famille libre de $\mathbb{U}$ et $[\vec{w}_1, \vec{w}_2, \cdots, \vec{w}_k]$ une famille libre de $\mathbb{W}$, expliquer pourquoi la famille $[\vec{u}_1, \vec{u}_2, \cdots, \vec{u}_l, \vec{w}_1, \vec{w}_2, \cdots, \vec{w}_k]$ de $\mathbb{V}$ est aussi libre.

DÉFINITION 2.61. Une famille libre et génératrice d'un espace vectoriel $\mathbb{V}$ sur $\mathbb{K}$ est une *base* de $\mathbb{V}$.

EXEMPLE 2.62. La famille $\{1, x, x^2\}$ est une base de $\mathcal{P}_2(\mathbb{R})$, l'espace des polynômes à coefficients réels de degré inférieur ou égal à deux. Il est clair qu'elle est génératrice parce que tout polynôme de $\mathcal{P}_2(\mathbb{R})$ peut s'écrire sous la forme $a \cdot 1 + b \cdot x + c \cdot x^2$. Pour montrer qu'elle est libre nous noterons que:

$$a \cdot 1 + b \cdot x + c \cdot x^2 = 0 \Leftrightarrow a = b = c = 0.$$

□

EXERCICE 2.63. Généraliser l'exemple précédent au cas de $\mathcal{P}_n(\mathbb{R})$.

EXEMPLE 2.64. Considérons le sous-ensemble $\mathbb{H} = \{(u_1, u_2, u_3, u_4) \in \mathbb{R}^4 : u_1+u_2+u_3+u_4 = 0\}$ de $\mathbb{R}^4$. Le lecteur aura l'amabilité de démontrer que $\mathbb{H}$ est un sous-espace de $\mathbb{R}^4$. Pour construire une base de $\mathbb{H}$, on a qu'à observer que tout vecteur de $\mathbb{H}$ s'exprime sous la forme

$$\begin{bmatrix} -u_2 - u_3 - u_4 \\ u_2 \\ u_3 \\ u_4 \end{bmatrix} = u_2 \begin{bmatrix} -1 \\ 1 \\ 0 \\ 0 \end{bmatrix} + u_3 \begin{bmatrix} -1 \\ 0 \\ 1 \\ 0 \end{bmatrix} + u_4 \begin{bmatrix} -1 \\ 0 \\ 0 \\ 1 \end{bmatrix}$$

et que les trois vecteurs sont linéairement indépendants puisque

$$u_2 \begin{bmatrix} -1 \\ 1 \\ 0 \\ 0 \end{bmatrix} + u_3 \begin{bmatrix} -1 \\ 0 \\ 1 \\ 0 \end{bmatrix} + u_4 \begin{bmatrix} -1 \\ 0 \\ 0 \\ 1 \end{bmatrix} = \begin{bmatrix} -0 \\ 0 \\ 0 \\ 0 \end{bmatrix} \Rightarrow u_2 = u_3 = u_4 = 0.$$

Il s'ensuit que la famille

$$\left\{ \begin{bmatrix} -1 \\ 1 \\ 0 \\ 0 \end{bmatrix}, \begin{bmatrix} -1 \\ 0 \\ 1 \\ 0 \end{bmatrix}, \begin{bmatrix} -1 \\ 0 \\ 0 \\ 1 \end{bmatrix} \right\} \text{ est une base de } \mathbb{H}.$$

$\mathbb{H}$ est appelé un *hyperplan*, en effet toute équation de la forme

$$\sum_{i=1}^{n} a_i x_i = 0. \ a_i \in \mathbb{R}$$

est un hyperplan dans $\mathbb{R}^n$.

□

EXERCICE 2.65. Appliquer l'exemple précédent aux cas $n \neq 4$. Pour n égal à 1, 2 ou à 3 illustrer la situation à l'aide de tracés géométriques.

EXERCICE 2.66. L'expression:

$$\sum_{i=1}^{n} a_i x_i = k. \ a_i \in \mathbb{R}$$

ne décrit pas un sous-espace de $\mathbb{R}^n$ lorsque $k \neq 0$. Pourquoi? Cependant, elle est appelée un hyperplan affine. Qu'en penser?

PROPOSITION 2.67. *La famille* $[\vec{u}_1, \vec{u}_2, \cdots, \vec{u}_l]$ *est une base de* $\mathbb{V}$ *si et seulement si chaque* $\vec{u} \in \mathbb{V}$ *a une unique décomposition de la forme:*

$$\vec{u} = \sum_{i=1}^{l} a_i \vec{u}_i, \ a_i \in \mathbb{K}$$

DÉMONSTRATION. Si la décomposition n'était pas unique, on pourrait écrire

$$\vec{0} = \vec{u} - \vec{u} = \sum_{i=1}^{l} a_i \vec{u}_i - \sum_{i=1}^{l} b_i \vec{u}_i = \sum_{i=1}^{l} (a_i - b_i) u_i,$$

les coefficients $(a_i - b_i)$ n'étant pas tous nuls si et seulement si la famille était liée. □

DÉFINITION 2.68. Un espace vectoriel $\mathbb{V}$ est de *dimension finie* s'il est engendré par une famille finie sinon sa *dimension* est infinite. La notation couramment utilisée pour désigner la dimension de $\mathbb{V}$ est $\dim \mathbb{V}$.

Pour que la dimension de $\mathbb{V}$ soit finie, il faut et il suffit qu'il existe une base finie de $\mathbb{V}$.

EXEMPLE 2.69. La dimension de $\mathbb{R}^2$ est finie parce qu'il est engendré par la famille

$$\left\{ \begin{bmatrix} -1 \\ 1 \end{bmatrix}, \begin{bmatrix} 1 \\ 1 \end{bmatrix}, \begin{bmatrix} 0 \\ 2 \end{bmatrix} \right\}.$$

Vérifier cette dernière assertion. Par contre, le lecteur pourra toujours s'assurer que la dimension de l'espace des séries entières réelles

$$\sum_{i=0}^{\infty} a_i x^i, \text{ est infinie.}$$

Le lemme suivant est important parce que dans le cas d'un espace vectoriel de dimension finie il permet de démontrer que toutes les bases ont le même cardinal qui est la *dimension* de l'espace vectoriel $\mathbb{V}$ sur le corps de définition $\mathbb{K}$, et d'obtenir une base en complétant une famille libre. C'est ce qu'on appelle un *lemme d'échange.*

LEMME 2.70 (Échange). *Soit* $\mathbb{V}$ *un espace vectoriel défini sur un corps* $\mathbb{K}$, $\{\vec{v}_1, \vec{v}_2, \cdots, \vec{v}_n\}$ *une base de* $\mathbb{V}$ *et* $\vec{w} \neq \vec{0}$ *un vecteur de* $\mathbb{V}$. *Alors, il existe un nombre entier* i, $1 \leq i \leq n$ *tel que* $\{\vec{v}_1, \vec{v}_2, \cdots, \vec{v}_{i-1}, \vec{w}, \vec{v}_{i+1}, \cdots, \vec{v}_n\}$ *est aussi une base de* $\mathbb{V}$.

DÉMONSTRATION. Le vecteur $\vec{w}$ se décompose de manière unique dans la base et par hypothèse au moins un des coefficients dans cette décomposition n'est pas nul. Ainsi

$$\vec{w} = \sum_{k=0}^{n} a_k \vec{v}_k, \ a_k \in \mathbb{K}$$

et a_i est l'un des coefficients non nuls parce que $\vec{w} \neq \vec{0}$. Considérons l'équation:

$$\sum_{k=0,k\neq i}^{n} a_k \vec{v}_k + a_i \vec{w} = \vec{0} \Leftrightarrow \sum_{k=0,k\neq i}^{n} a_k \vec{v}_k = -a_i \vec{w}.$$

Si $a_i \neq 0$, alors

$$\vec{w} = \sum_{k=0,k\neq i}^{n} -\frac{a_k}{a_i} \vec{v}_k,$$

ce qui est une contradiction, vu que la décomposition de $\vec{w}$ dans la base donnée est unique. Il s'ensuit que

$$\sum_{k=0,k\neq i}^{n} a_k \vec{v}_k + a_i \vec{w} = \vec{0} \Rightarrow a_j = 0, \forall j, 1 \leq j \leq n.$$

Donc, la famille $\Gamma = \{\vec{v}_1, \vec{v}_2, \cdots, \vec{v}_{i-1}, \vec{w}, \vec{v}_{i+1}, \cdots, \vec{v}_n\}$ est libre. Elle aussi génératrice par construction parce que d'un côté le sous-espace $\mathbb{A}$ engendré par la famille Γ est inclus dans $\mathbb{V}$ à cause de la définition de $\vec{w}$, de l'autre côté puisque

$$\vec{w} - \sum_{k=0,k\neq i}^{n} a_k \vec{v}_k = a_i \vec{v}_i \Rightarrow a_i^{-1} \left(w - \sum_{k=0,k\neq i}^{n} a_k \vec{v}_k \right) = v_i,$$

on conclut que $\mathbb{V} \subset \mathbb{A}$. Cette double inclusion est équivalente à $\mathbb{V} = \mathbb{A}$. La démonstration est terminée.

□

THÉORÈME 2.71. *Toutes les bases d'un espace vectoriel $\mathbb{V}$ de dimension finie défini sur un corps $\mathbb{K}$ ont le même cardinal. Ce nombre est* $\dim_{\mathbb{K}} \mathbb{V}$, *la dimension de $\mathbb{V}$ sur $\mathbb{K}$.*

DÉMONSTRATION. D'une base donnée, on applique le lemme précédent n fois pour en créer une toute nouvelle. Le choix de l'indice i du lemme est différent à chaque fois parce que chaque $\vec{w} \in \mathbb{V}$ se décompose de manière unique dans une base.

□

EXERCICE 2.72. Montrer que $\dim_{\mathbb{C}} \mathbb{C} = 1$ et que $\dim_{\mathbb{R}} \mathbb{C} = 2$.

Pour démontrer le Théorème de la base incomplète, il convient de travailler sur des ensembles d'indices de forme $\mathbb{I} = \{a_1, \cdots, a_n, \cdots\}$ et d'écrire $\{\vec{v}_i\}_{i\in\mathbb{I}}$ pour désigner la famille $[\vec{v}_{a_1}, \cdots, \vec{v}_{a_n}, \cdots]$.

PROPOSITION 2.73. *Soit $\mathbb{V}$ un espace vectoriel sur $\mathbb{K}$ de dimension finie. Alors,*

(1) *si $\mathbb{S}$ est une famille génératrice de $\mathbb{V}$, il existe une sous-famille $\mathbb{S}' \subseteq \mathbb{S}$ engendrant $\mathbb{V}$ aussi,*
(2) *toute famille libre $\mathbb{S}''$ de $\mathbb{V}$ est finie et $|\mathbb{S}''| \leq |\mathbb{T}|$, $\mathbb{T}$ étant une famille génératrice.*

DÉMONSTRATION. Soit $\mathbb{S} = \{\vec{v}_i\}_{i\in\mathbb{I}}$ une famille génératrice de $\mathbb{V}$. On peut trouver une famille génératrice $\mathbb{S}' = [\vec{w}_1, \cdots, \vec{w}_n]$ parce que $\mathbb{V}$ est de dimension finie, et chaque $\vec{w}_j$ est une combinaison linéaire

$$\vec{w}_j = \sum_{i\in\mathbb{I}} a^i_j \vec{v}_i,$$

ce qui implique $\mathbb{S}' \subseteq \mathbb{S}$.

Pour la deuxième assertion, supposons que $\mathbb{V} = \langle\mathbb{T}\rangle$, $\mathbb{T} = \{\vec{v}_1, \cdots, \vec{v}_n\}$ et que $\mathbb{S}'' = \{\vec{w}_i\}_{i\in\mathbb{I}}$ soit une famille libre de $\mathbb{V}$ telle que $|\mathbb{S}''| > n$. Alors, on peut toujours en prélever une sous-famille de vecteurs linéairement indépendants $\{\vec{w}_1, \vec{w}_2, \cdots, \vec{w}_n, \vec{w}_{n+1}\}$ et puisque $\vec{w}_1 \neq \vec{0}$, un des μ^1_j dans cette unique décomposition:

$$\vec{w}_1 = \sum_{j=1}^{n} \mu^1_j \vec{v}_j, \;\; \mu^i_j \in \mathbb{K},$$

doit être différent de zéro aussi. En permutant les $\vec{v}_j$, on peut, sans restreindre la généralité, supposer que $\mu^1_1 \neq 0$. pour pouvoir écrire:

$$\vec{v}_1 = \frac{1}{\mu^1_1}\vec{w}_1 - \sum_{j=2}^{n} \frac{\mu^1_j}{\mu^1_1}\vec{v}_j.$$

Ce qui implique que $\vec{v}_1 \in \langle\vec{w}_1, \vec{v}_2, \cdots, \vec{v}_n\rangle = \mathbb{V}$ parce que $\vec{v}_1 \in \mathbb{V}$. En réitérant ce processus de $i = 1$ à $i = n$, on verra que la sous-famille $\{\vec{w}_1, \vec{w}_2, \cdots, \vec{w}_n\}$ est libre et génératrice, et en ce sens, puisque $\vec{w}_{n+1} \in \mathbb{V}$, nécessairement

$$\vec{w}_{n+1} = \sum_{j=1}^{n} a_j \vec{w}_j, \text{ les } a_j \text{ n'étant pas tous nuls, parce que } \vec{w}_{n+1} \neq \vec{0}.$$

Mais cette dernière équation est impossible parce que $\mathbb{S}''$ est une famille libre. Ce raisonnement *ab absurdo* nous conduit à conclure que $|\mathbb{S}''| \leq |\mathbb{T}|$.

□

THÉORÈME 2.74 (Théorème de la base incomplète). *Soit* $\mathbb{V}$ *un espace vectoriel défini sur un corps* $\mathbb{K}$, $\{\vec{v}_i\}_{i\in\mathbb{I}}$ *une famille génératrice de* $\mathbb{V}$ *et une partie* $\mathbb{J}$ *de* $\mathbb{I}$ *telle que la sous-famille* $\{\vec{v}_i\}_{i\in\mathbb{J}}$ *est libre. Alors, il existe* $\mathbb{L} : \mathbb{J} \subseteq \mathbb{L} \subset \mathbb{I}$ *tel que* $\{\vec{v}_i\}_{i\in\mathbb{L}}$ *soit une base de* $\mathbb{V}$.

DÉMONSTRATION. La proposition précédente nous dit qu'en principe, il existe $\mathbb{I}_0 : \mathbb{J} \subseteq \mathbb{I}_0 \subseteq \mathbb{I}$ tel que $\{\vec{v}_i\}_{i\in\mathbb{I}_0}$ engendre $\mathbb{V}$. L'ensemble

$$\mathfrak{L} = \{\mathbb{L}, \mathbb{J} \subseteq \mathbb{L} \subseteq \mathbb{I}_0 : \{\vec{v}_j\}_{j\in\mathbb{L}} \text{ sont linéairement indépendants}\}$$

n'est pas vide parce que $\mathbb{J} \in \mathfrak{L}$. Puisque $\forall\, \mathbb{L} \in \mathfrak{L}, |\mathbb{L}| \leq |\mathbb{I}_0|$, l'ensemble de ces cardinaux admet un plus grand élément m. Considérons un élément $\mathbb{L}_0 \in \mathfrak{L}$ tel que $|\mathbb{L}_0| = m$. Alors, pour tout $\mathbb{L} \subseteq \mathbb{I} \setminus \mathbb{L}_0$, la famille $\{\vec{v}_j\}_{j\in\mathbb{L}_0\cup\mathbb{L}}$ est linéairement dépendante.

Noter que si $\{\vec{v}_j\}_{j\in\mathbb{L}_0}$ n'engendre pas $\mathbb{V}$, il existe $i \in \mathbb{I}$ tel que $\vec{v}_i \notin \langle\{\vec{v}_j\}_{j\in\mathbb{L}_0}\rangle$. Mais puisque la famille $\{\vec{v}_j\}_{j\in\mathbb{L}_0\cup\{i\}}$ est liée, un de ses vecteurs est toujours une combinaison linéaire des autres, et ce serait une contradiction. Donc, $\mathbb{V} = \langle\{\vec{v}_j\}_{j\in\mathbb{L}_0}\rangle$; cette famille libre et génératrice est en effet une base de $\mathbb{V}$.

□

Nous vous demandons de bien vouloir résoudre les deux prochains exercices avant de continuer votre lecture.

EXERCICE 2.75. Montrer que tout espace vectoriel de dimension finie a une base finie.

REMARQUE 2.76. Si $\mathbb{V}$ est de dimension infinie, on peut, en acceptant le lemme de Zorn ou l'Axiome du choix, démontrer l'existence d'une base de $\mathbb{V}$; ce qui permet de conclure que tout espace vectoriel possède une base. L'esprit inquisiteur de notre lectrice l'amènera sans aucun doute à explorer tous les aspects instructifs de ce sujet. La littérature mathématique l'attend comme une Erzulie.

EXERCICE 2.77. Montrer que si $\{\vec{v}_i\}_{i\in\mathbb{I}}$ est une famille génératrice d'un espace vectoriel $\mathbb{V}$ et $\{\vec{w}_j\}_{j\in\mathbb{J}}$ une famille de vecteurs linéairement indépendants de $\mathbb{V}$, alors on peut compléter $\{\vec{w}_j\}_{j\in\mathbb{J}}$ en une base $\mathbb{V}$ en se servant exclusivement d'éléments de $\{\vec{v}_i\}_{i\in\mathbb{I}}$.

PROPOSITION 2.78. *Soit $\mathbb{W}_1$ et $\mathbb{W}_2$ deux sous-espaces d'un espace vectoriel $\mathbb{V}$ de dimension finie défini sur un corps $\mathbb{K}$. Alors*

$$\dim(\mathbb{W}_1 + \mathbb{W}_2) = \dim \mathbb{W}_1 + \dim \mathbb{W}_2 - \dim \mathbb{W}_1 \cap \mathbb{W}_2.$$

DÉMONSTRATION. Soit $\mathbb{B}_{12} = \{\vec{u}_1, \vec{u}_2, \cdots, \vec{u}_r\}$ une base de $\mathbb{W}_1 \cap \mathbb{W}_2$, bien entendu vide si $\mathbb{W}_1 \cap \mathbb{W}_2 = \{\vec{0}\}$. Nous pouvons la compléter en bases $\mathbb{B}_1 = \{\vec{u}_1, \vec{u}_2, \cdots, \vec{u}_r, \vec{v}_1, \vec{v}_2, \cdots, \vec{v}_s\}$ et $\mathbb{B}_2 = \{\vec{u}_1, \vec{u}_2, \cdots, \vec{u}_r, \vec{w}_1, \vec{w}_2, \cdots, \vec{w}_t\}$ de $\mathbb{W}_1$ et de $\mathbb{W}_2$ respectivement.

Considérons la famille

$$\mathbb{B} = \mathbb{B}_1 \cup \mathbb{B}_2 = \{\vec{u}_1, \vec{u}_2, \cdots, \vec{u}_r, \vec{v}_1, \vec{v}_2, \cdots, \vec{v}_s, \vec{w}_1, \vec{w}_2, \cdots, \vec{w}_t\}$$

et montrons que $\mathbb{B}$ est une base de $\mathbb{W}_1 + \mathbb{W}_2$. Supposons que

$$\sum_{i=1}^{r} a_i \vec{u}_i + \sum_{j=1}^{s} b_j \vec{v}_j + \sum_{k=1}^{t} c_k \vec{w}_k = \vec{0},$$

alors

$$\sum_{i=1}^{r} a_i \vec{u}_i + \sum_{j=1}^{s} b_j \vec{v}_j = -\sum_{k=1}^{t} c_k \vec{w}_k.$$

Cette dernière égalité implique que

$$\left(\sum_{i=1}^{r} a_i \vec{u}_i + \sum_{j=1}^{s} b_j \vec{v}_j\right) \text{ et } -\sum_{k=1}^{t} c_k \vec{w}_k \text{ désignent un élément de } \mathbb{W}_1 \cap \mathbb{W}_2,$$

et puisque

$$\left(\sum_{i=1}^{r} a_i \vec{u}_i + \sum_{j=1}^{s} b_j \vec{v}_j\right) \text{ se décompose de manière unique dans } \mathbb{B}_{12},$$

nécessairement tous les b_j sont nuls. La première équation devient alors

$$\sum_{i=1}^{r} a_i \vec{u}_i + \sum_{k=1}^{t} c_k \vec{w}_k = \vec{0}.$$

Du fait que $\mathbb{B}_2$ est une base, les a_i et les c_k doivent être nuls aussi. Il s'ensuit que $\mathbb{B}$ est une famille libre.

Elle est génératrice parce que si $\vec{x} = \vec{y} + \vec{z} \in \mathbb{W}_1 + \mathbb{W}2$, alors par définition

$$\vec{y} = \left(\sum_{i=1}^{r} a_i \vec{u}_i + \sum_{j=1}^{s} b_j \vec{v}_j\right) \text{ et } \vec{z} = \left(\sum_{i=1}^{r} a_i \vec{u}_i + \sum_{k=1}^{t} c_k \vec{w}_k\right),$$

en d'autre termes $\vec{x} \in \langle \mathbb{B} \rangle$. Enfin

$$\dim \mathbb{W}_1+\mathbb{W}_2 = r+s+t = (r+s)+(r+t)-r = \dim \mathbb{W}_1+\dim \mathbb{W}_2-\dim \mathbb{W}_1\cap\mathbb{W}_2.$$

□

COROLLAIRE 2.79. *Soit* $\mathbb{W}_1$ *et* $\mathbb{W}_2$ *deux sous-espaces d'un espace vectoriel* $\mathbb{V}$ *de dimension finie défini sur un corps* $\mathbb{K}$. *Alors*

$$\dim(\mathbb{W}_1 \oplus \mathbb{W}_2) = \dim \mathbb{W}_1 + \dim \mathbb{W}_2.$$

DÉMONSTRATION. C'est une conséquence de la proposition précédente partant de l'hypothèse que $\mathbb{W}_1 \cap \mathbb{W}_2 = \{\vec{0}\}$.

□

PROPOSITION 2.80. *Soit* $\mathbb{W}$ *un sous-espace d'un espace vectoriel* $\mathbb{V}$ *de dimension finie défini sur un corps* $\mathbb{K}$. *Alors*

$$\dim(\mathbb{V}/\mathbb{W}) = \dim \mathbb{V} - \dim \mathbb{W}.$$

DÉMONSTRATION. Commençons par compléter une base

$$\{\vec{w}_1, \vec{w}_2, \cdots, \vec{w}_n\} \text{ de } \mathbb{W}$$

en une base

$$\Gamma = \{\vec{w}_1, \vec{w}_2, \cdots, \vec{w}_n, \vec{v}_1, \vec{v}_2, \cdots, \vec{v}_k\} \text{ de } \mathbb{V}$$

et considérons la famille

$$\mathbb{B} = \{\vec{v}_1 + \mathbb{W}, \vec{v}_2 + \mathbb{W}, \cdots, \vec{v}_k + \mathbb{W}\} \text{ de vecteurs de } \mathbb{V}/\mathbb{W}.$$

Nous allons démontrer que $\mathbb{B}$ est une base de $\mathbb{V}/\mathbb{W}$. Par définition, $\mathbb{W}$ représente la classe de $\vec{0}$, et si

$$a_1(\vec{v}_1 + \mathbb{W}) + a_2(\vec{v}_2 + \mathbb{W}) + \cdots + a_k(\vec{v}_k + \mathbb{W}) = \mathbb{W}, \text{ les } a_i \in \mathbb{K},$$

c'est-à-dire si

$$a_1\vec{v}_1 + a_2\vec{v}_2 + \cdots + a_k\vec{v}_k + \mathbb{W} = \mathbb{W},$$

alors

$$a_1\vec{v}_1 + a_2\vec{v}_2 + \cdots + a_k\vec{v}_k \in \mathbb{W}$$

et s'exprime ainsi dans la base de $\mathbb{W}$

$$a_1\vec{v}_1 + a_2\vec{v}_2 + \cdots + a_k\vec{v}_k = b_1 w_1 + b_2\vec{w}_2 + \cdots + b_n\vec{w}_n, \text{ les } b_j \in \mathbb{K}.$$

Donc,

$$b_1 w_1 + b_2\vec{w}_2 + \cdots + b_n\vec{w}_n - a_1\vec{v}_1 - a_2\vec{v}_2 - \cdots - a_k\vec{v}_k = \vec{0}.$$

Nécessairement, tous les a_i et tous les b_j sont nuls parce que Γ est une base. Il s'ensuit que la famille $\mathbb{B}$ est libre.

Par définition tout élément de $\mathbb{V}/\mathbb{W}$ s'écrit

$$\begin{aligned}
\vec{v}+\mathbb{W} &= (b_1 w_1 + b_2\vec{w}_2 + \cdots + b_n\vec{w}_n + a_1\vec{v}_1 + a_2\vec{v}_2 + \cdots + a_k\vec{v}_k) + \mathbb{W} \\
&= [(b_1 w_1 + b_2\vec{w}_2 + \cdots + b_n\vec{w}_n) + (a_1\vec{v}_1 + a_2\vec{v}_2 + \cdots + a_k\vec{v}_k)] + \mathbb{W} \\
&= (a_1\vec{v}_1 + a_2\vec{v}_2 + \cdots + a_k\vec{v}_k) + \mathbb{W} \\
&= a_1(\vec{v}_1 + \mathbb{W}) + a_2(\vec{v}_2 + \mathbb{W}) + \cdots + a_k(\vec{v}_k + \mathbb{W}).
\end{aligned}$$

Donc, $\mathbb{V}/\mathbb{W} = \langle \mathbb{B} \rangle$, et

$$\dim \mathbb{V}/\mathbb{W} = k = (n+k) - n = \dim \mathbb{V} - \dim \mathbb{W}.$$

□

Remarque 2.81. Un espace quotient d'un espace vectoriel de dimension infinie peut avoir une dimension finie. Considérons l'espace $\mathbb{V} = \mathbb{K}^\infty$ dont les éléments sont des vecteurs de la forme $(x_1, x_2, \cdots, x_n, \cdots)$, $x_i \in \mathbb{K}$ et le sous-espace

$$\mathbb{W} = \{(0, x_2, \cdots, x_n, \cdots)\ x_i \in \mathbb{K}\}.$$

Nous demandons au lecteur de s'assurer que la relation $\mathfrak{R}$ définie sur $\mathbb{V}$ telle que

$$(x_1, x_2, \cdots, x_n, \cdots)\mathfrak{R}(y_1, y_2, \cdots, y_n, \cdots) \iff x_1 = y_1$$

est d'équivalence et détermine une classe de $\mathbb{V}/\mathbb{W}$ un espace quotient de dimension 1 même si $\mathbb{V}$ et $\mathbb{W}$ sont tous les deux de dimension infinie.

2.0.2. Construction de bases finies. Notre preuve du Théorème de la Base Incomplète ne construit pas une base, elle en démontre l'existence seulement. Cependant, la connaissance d'une base canonique ou d'une quelconque famille génératrice conjuguée au résultat de l'Exercice 2.77 devrait, en principe, nous permettre de développer un algorithme de construction de nature algébrico-géométrique. Nous illustrerons une méthode constructive dans $\mathbb{R}^n$.

Exemple 2.82. On peut compléter tout vecteur non nul $\vec{u}$ dans $\mathbb{R}^2$ en une base en choisissant un vecteur $\vec{v}$ tel que le produit scalaire $\vec{u} \cdot \vec{v} = 0$.

Dans $\mathbb{R}^3$, toute famille $\{\vec{u}, \vec{v}\}$ de deux vecteurs non colinéaires peut être complétée en la base $\{\vec{u}, \vec{v}, \vec{u} \wedge \vec{v}\}$.

□

Il est un fait que toute matrice peut être mise sous forme *échelonnée* où le nombre de 0 au début de chaque ligne est strictement croissant quand on passe d'une ligne à la suivante. Le premier élément non nul sur une ligne est appelé *pivot*. On peut obtenir une forme échelonnée par la méthode de Gauss qui consiste à effectuer trois types d'opérations élémentaires sur les lignes de la matrice:

(1) multiplier une ligne par une constante non nulle;
(2) ajouter à une ligne un multiple d'une autre ligne;
(3) permuter 2 lignes.

Le nombre de pivots ne dépend pas de l'ordre de ces opérations, c'est le *rang* de la matrice.

EXEMPLE 2.83. Pour trouver une base de l'espace

$$\mathbb{W} = \left\langle \begin{bmatrix} 1 \\ 1 \\ 1 \\ 1 \end{bmatrix}, \begin{bmatrix} 1 \\ -1 \\ 1 \\ -1 \end{bmatrix}, \begin{bmatrix} 1 \\ 2 \\ 4 \\ 8 \end{bmatrix}, \begin{bmatrix} 2 \\ 1 \\ 5 \\ 7 \end{bmatrix} \right\rangle$$

on détermine une forme échelonnée de la matrice

$$A = \begin{pmatrix} 1 & 1 & 1 & 2 \\ 1 & -1 & 2 & 1 \\ 1 & 1 & 4 & 5 \\ 1 & -1 & 8 & 7 \end{pmatrix}$$

dont les colonnes sont exactement les vecteurs de la famille génératrice. Puisque $a_{11} = 1$ est un pivot, on utilise les opérations élémentaires pour changer tous les autres éléments de la première colonne en 0:

$$L_2 - L_1, L_3 - L_1, L_4 - L_1 \Rightarrow B = \begin{pmatrix} 1 & 1 & 1 & 2 \\ 0 & -2 & 1 & -1 \\ 0 & 0 & 3 & 3 \\ 0 & -2 & 7 & 5 \end{pmatrix}.$$

Puisque $b_{22} = -2$ est un pivot on change tous les éléments de la deuxième colonne en dessous du pivot en 0 pour obtenir

$$L_4 - L_2 \Rightarrow C = \begin{pmatrix} 1 & 1 & 1 & 2 \\ 0 & -2 & 1 & -1 \\ 0 & 0 & 3 & 3 \\ 0 & 0 & 6 & 6 \end{pmatrix}.$$

Puisque $c_{33} = 3$ est un pivot on change tous les éléments de la troisième colonne en dessous du pivot en 0 pour obtenir

$$L_4 - 2L_3 \Rightarrow D = \begin{pmatrix} 1 & 1 & 1 & 2 \\ 0 & -2 & 1 & -1 \\ 0 & 0 & 3 & 3 \\ 0 & 0 & 0 & 0 \end{pmatrix}, \text{ une forme échelonnée de } A.$$

Les trois premières colonnes ont pour pivot $1, -2$ et 3 respectivement. Le rang de A est 3. Le quatrième vecteur de la famille initiale est redondant, en fait c'est la somme du second et du troisième. Une base de $\mathbb{W}$ est composée de

$$\begin{bmatrix}1\\1\\1\\1\end{bmatrix}, \begin{bmatrix}1\\-1\\1\\-1\end{bmatrix}, \begin{bmatrix}1\\2\\4\\8\end{bmatrix}$$

Il ne faut jamais choisir les colonnes de la forme échelonnée comme éléments d'une base de l'espace initial $\mathbb{W}$, pour la simple raison qu'elles ne forment pas une famille génératrice de $\mathbb{W}$ en général. Ils ne servent qu'à identifier les éléments d'une sous-famille de vecteurs linéairement indépendants de $\mathbb{W}$.

□

EXERCICE 2.84. Déterminer pour quelle(s) valeur(s) de k les vecteurs suivants forment une base de $\mathbb{R}^4$.

$$\mathbb{W} = \left\langle \begin{bmatrix}1\\0\\1\\2\end{bmatrix}, \begin{bmatrix}1\\-1\\1\\-1\end{bmatrix}, \begin{bmatrix}0\\0\\1\\4\end{bmatrix}, \begin{bmatrix}2\\1\\4\\k\end{bmatrix} \right\rangle$$

DÉFINITION 2.85. Le noyau ou le kernel Ker(A) d'une matrice A est la solution de l'équation $A\vec{x} = \vec{0}$. Son *image* Im(A) est le sous-espace engendré par les colonnes de A.

REMARQUE 2.86. Par définition, si A est de type $m \times n$, m lignes et n colonnes, Im(A) est un sous-espace de $\mathbb{R}^m$, Ker(A) est un sous-espace de $\mathbb{R}^n$.

EXEMPLE 2.87. Soit $\mathbb{V} = \{(x, y, z) \in \mathbb{R}^3 : 2x + y - z = 0 \text{ et } x + 2y + z = 0\}$. Notons d'abord que $\mathbb{V}$ est un sous-espace de $\mathbb{R}^3$ parce que c'est le noyau de la matrice

$$A = \begin{pmatrix}2 & 1 & -1\\1 & 2 & 1\end{pmatrix}.$$

On calcule ce kernel par la méthode de Gauss:

$$2L_2 - L_1 \Rightarrow \begin{pmatrix}2 & 1 & -1\\0 & 3 & 1\end{pmatrix}.$$

Il nous faut donc résoudre le système

$$\begin{cases}2x + \ \ y - z = 0\\ \qquad 3y + z = 0\end{cases}$$

pour trouver $y = -\frac{1}{3}z$, $x = \frac{2}{3}z$, et $\mathbb{V} = \left\langle \begin{bmatrix} \frac{2}{3} \\ -\frac{1}{3} \\ 1 \end{bmatrix} \right\rangle$. C'est une droite passant par l'origine.

On notera que $\left\{ \begin{bmatrix} 2 \\ 1 \end{bmatrix}, \begin{bmatrix} 1 \\ 2 \end{bmatrix} \right\}$ est une base de $\mathrm{Im}(A)$.

$\square$

Algorithme pour trouver des bases du noyau et de l'image d'une matrice $A_{m\times n}$.

(1) Calculer une forme échelonnée E de A.

(2) Identifier une base de $\mathrm{Im}(A)$ en se servant des colonnes à pivot de la forme échelonnée E. Donc, $\dim \mathrm{Im}(A)$ est le rang de A.

(3) Résoudre le système $E\vec{x} = \vec{0}$ pour trouver une base de $\mathrm{Ker}(A)$.

La forme échelonnée d'une matrice A de type $m \times n$ donne cette fameuse égalité:

$$\dim \mathrm{Im}(A) + \dim \mathrm{Ker}(A) = n,$$

parce que les colonnes de A sont divisées en deux catégories: celles qui ont un pivot et celles qui n'en ont pas. Les premières donnent le rang de la matrice A, les autres comptent le nombre de variables libres dans la résolution du système $A\vec{x} = \vec{0}$, en d'autres termes $\dim \mathrm{Ker}(A)$.

EXERCICE 2.88. Trouver une base pour le noyau et pour l'image de chaque matrice et indiquer son rang.

$$A = \begin{pmatrix} 1 & 1 & 1 \\ 2 & 2 & 2 \\ 1 & 2 & 3 \end{pmatrix}, \ B = \begin{pmatrix} 0 & 1 & 1 & 0 \\ 2 & 2 & 2 & 2 \\ 1 & 2 & 3 & 4 \\ 5 & 2 & 2 & 2 \end{pmatrix}, \ C = \begin{pmatrix} 1 & 2 & 3 & 2 & 1 \\ 3 & 6 & 9 & 6 & 3 \\ 1 & 2 & 4 & 1 & 2 \\ 2 & 4 & 9 & 1 & 2 \end{pmatrix}.$$

2.0.3. Changement de coordonnées et de bases. En général, un espace vectoriel $\mathbb{V}$ de dimension n défini sur un corps $\mathbb{K}$ possède une *base canonique* le présentant de la manière la plus naturelle qui soit. Si $\mathbb{V} = \mathbb{R}^n$ alors, sur le corps $\mathbb{R}$, la base canonique est $\{\vec{e}_1, \vec{e}_2, \cdots, \vec{e}_n\}$, telle que $\vec{e}_i$ est un vecteur dont les compostantes sont nulles excepté l'ième qui est égale à 1. Par exemple, $\{1\}$ est la base canonique de $\mathbb{R}$, $\left\{ \begin{bmatrix} 1 \\ 0 \end{bmatrix}, \begin{bmatrix} 0 \\ 1 \end{bmatrix} \right\}$ est la base canonique de $\mathbb{R}^2$, $\left\{\begin{bmatrix}1\\0\\0\end{bmatrix}, \begin{bmatrix}0\\1\\0\end{bmatrix}, \begin{bmatrix}0\\0\\1\end{bmatrix}\right\}$ est la base canonique de $\mathbb{R}^3$, ainsi de suite. Par convention, quand on écrit $\vec{x} = \begin{bmatrix}x_1\\x_2\\\vdots\\x_i\\\vdots\\x_n\end{bmatrix}$, on ne fait qu'exprimer le vecteur $\vec{x}$ dans la base canonique, ce qui signifie que $\vec{x} = \sum_{k=1}^{n} x_k\vec{e}_k$, et on dit que les x_k sont les coordonnées de $\vec{x}$ dans cette dite base.

La base canonique de l'espace vectoriel des séries entières réelles $\sum_{k=0}^{\infty} a_k x^k$ est la famille $\{1, x, x^2, \cdots, x^n, \cdots\}$.

Cependant, il convient de remarquer que tout espace vectoriel possède une infinité de bases. Cette assertion est claire, puisque si $\{\vec{v}_1, \vec{v}_2, \cdots, \vec{v}_n\}$ est une base de $\mathbb{V}$, toute famille $\{\lambda_1\vec{v}_1, \lambda_2\vec{v}_2, \cdots \lambda_n\vec{v}_n\}$ est une autre base de $\mathbb{V}$ si et seulement si tous les λ_i sont différents de zéro. Nous sommes tout de même à l'évidence qu'il y a bien d'autres moyens de construire des bases d'un espace vectoriel. Par exemple, dans $\mathbb{R}^2$, $\mathbb{B} = \left\{\vec{v}_1 = \begin{bmatrix}2\\1\end{bmatrix}, \vec{v}_2 = \begin{bmatrix}1\\2\end{bmatrix}\right\}$ est une base qui n'est pas de la forme $\{\lambda_1\vec{e}_1, \lambda_2\vec{e}_2\}$.

DÉFINITION 2.89. Dans un espace vectoriel $\mathbb{V}$ défini sur $\mathbb{K}$ les coordonnées d'un vecteur $\vec{x} \in V$ dans une base $\Gamma = \{\vec{v}_1, \vec{v}_2, \cdots, \vec{v}_n\}$ de $\mathbb{V}$ sont représentées par

$$[\vec{x}]_\Gamma = \begin{bmatrix}a_1\\a_2\\\vdots\\a_i\\\vdots\\a_n\end{bmatrix},$$

si la décomposition unique de $\vec{x}$ dans Γ est exactement

$$\vec{x} = a_1\vec{v}_1 + a_2\vec{v}_2 + \cdots a_n\vec{v}_n.$$

Donc,

$$\vec{x} = \begin{pmatrix} \vdots & \vdots & \dots & \vdots \\ \vec{v}_1 & \vec{v}_2 & \dots & \vec{v}_n \\ \vdots & \vdots & \dots & \vdots \end{pmatrix} \begin{bmatrix} a_1 \\ a_2 \\ \vdots \\ a_n \end{bmatrix}, \text{ c'est-à-dire } \vec{x} = S[\vec{x}]_\Gamma,$$

S est la matrice dont les colonnes sont les vecteurs de Γ.

REMARQUE 2.90. **La matrice carrée S est d'ordre et de rang n. Donc, on peut toujours calculer les coordonnées dans la base Γ en résolvant le système d'équations $S[\vec{x}]_\Gamma = \vec{x}$.**

EXEMPLE 2.91. Dans $\mathbb{R}^2$, en écrivant $[\vec{x}]_\Gamma = \begin{bmatrix} 1 \\ 2 \end{bmatrix}$ comme coordonnées de $\vec{x}$ dans la base $\Gamma = \left\{ \vec{v}_1 = \begin{bmatrix} -2 \\ 1 \end{bmatrix}, \vec{v}_2 = \begin{bmatrix} 1 \\ 2 \end{bmatrix} \right\}$, nous précisons que

$$\vec{x} = v_1 + 2\vec{v}_2 = \begin{bmatrix} -2 \\ 1 \end{bmatrix} + 2 \begin{bmatrix} 1 \\ 2 \end{bmatrix} = \begin{bmatrix} 0 \\ 5 \end{bmatrix} = 0\vec{e}_1 + 5\vec{e}_2 \text{ dans la base canonique.}$$

Pour trouver les coordonnée du vecteur $\vec{x} = \begin{bmatrix} 2 \\ 2 \end{bmatrix}$ dans la base Γ, il faut résoudre le système:

$$\begin{pmatrix} -2 & 1 \\ 1 & 2 \end{pmatrix} \begin{bmatrix} x \\ y \end{bmatrix} = \begin{bmatrix} 2 \\ 2 \end{bmatrix}.$$

Par élimination

$$\left(\begin{array}{cc|c} -2 & 1 & 2 \\ 1 & 2 & 2 \end{array}\right) \rightarrow 2L_2 + L_1 \rightarrow \left(\begin{array}{cc|c} -2 & 1 & 2 \\ 0 & 5 & 6 \end{array}\right)$$

on obtient $y = \frac{6}{5}$ et $-2x = 2 - \frac{6}{5} \rightarrow x = -\frac{2}{5}$.

Les coordonnées de $\vec{x} = \begin{bmatrix} 2 \\ 2 \end{bmatrix}$ dans la base Γ sont $-\frac{2}{5}$ et $\frac{6}{5}$. On écrit

$$[\vec{x}]_\Gamma = \begin{bmatrix} -\frac{2}{5} \\ \\ \frac{6}{5} \end{bmatrix}.$$

□

EXEMPLE 2.92. Pour calculer les coordonnées de $\vec{x} = \begin{bmatrix} 2 \\ 1 \\ 0 \end{bmatrix}$ dans la base

$$\Gamma = \left\{ \begin{bmatrix} 1 \\ 2 \\ 1 \end{bmatrix}, \begin{bmatrix} 1 \\ 3 \\ 4 \end{bmatrix}, \begin{bmatrix} 1 \\ 4 \\ 8 \end{bmatrix} \right\} \text{ de } \mathbb{R}^3,$$

on résout le système

$$\begin{pmatrix} 1 & 1 & 1 \\ 2 & 3 & 4 \\ 1 & 4 & 8 \end{pmatrix} \begin{bmatrix} x \\ y \\ z \end{bmatrix} = \begin{bmatrix} 2 \\ 1 \\ 0 \end{bmatrix}.$$

Par élimination

$$\left(\begin{array}{ccc|c} 1 & 1 & 1 & 2 \\ 2 & 3 & 4 & 1 \\ 1 & 4 & 8 & 0 \end{array}\right) \to L_2 - L_1, L_3 - L_1 \to \left(\begin{array}{ccc|c} 1 & 1 & 1 & 2 \\ 0 & 1 & 2 & -3 \\ 0 & 3 & 7 & -2 \end{array}\right) \to L_3 - L_2 \to$$

$$\to \left(\begin{array}{ccc|c} 1 & 1 & 1 & 2 \\ 0 & 1 & 2 & -3 \\ 0 & 0 & 1 & 7 \end{array}\right), \text{ on obtient } z = 7, y = -17, x = 12, \text{ et } [\vec{x}]_\Gamma = \begin{bmatrix} 12 \\ -17 \\ 7 \end{bmatrix}.$$

□

Rappellons que le produit de deux matrices $A_{m \times p}$ et $B_{q \times n}$ est défini si et seulement si $p = q$, le nombre de colonnes de A est égal au nombre de lignes de B, que

$$A \cdot B = C_{m \times n},$$

et que le coefficient c_{ij} de C est le produit scalaire de l'ième ligne de A et de la jième colonne de B. Par exemple

$$\begin{pmatrix} 1 & 1 & 1 \\ 2 & 3 & 4 \\ 1 & 4 & 8 \end{pmatrix} \begin{pmatrix} 1 & 1 \\ 1 & -1 \\ 1 & 0 \end{pmatrix} = \begin{pmatrix} 3 & 0 \\ 9 & -1 \\ 13 & -3 \end{pmatrix}$$

.

On notera qu'en général $A \cdot B \neq B \cdot A$ même quand les deux produits sont définis.

THÉORÈME 2.93. *Si A_n est une matrice carrée d'ordre et de rang n, alors il existe une seule matrice B appelée A^{-1}, l'inverse de A, telle que:*

$$A \cdot B = B \cdot A = I_n$$

I_n est la matrice identité ou unité d'ordre n, ses colonnes sont les vecteurs de la base canonique de $\mathbb{R}^n$ écrits dans l'ordre $(\vec{e}_1 \ \vec{e}_2 \ \cdots \ \vec{e}_n)$.

DÉMONSTRATION. Posons $B = \begin{pmatrix} \vdots & \vdots & \dots & \vdots \\ \vec{b}_1 & \vec{b}_2 & \dots & \vec{b}_n \\ \vdots & \vdots & \dots & \vdots \end{pmatrix}$. Il s'agit de résoudre l'équation:

$$A \cdot \begin{pmatrix} \vdots & \vdots & \dots & \vdots \\ \vec{b}_1 & \vec{b}_2 & \dots & \vec{b}_n \\ \vdots & \vdots & \dots & \vdots \end{pmatrix} = \begin{pmatrix} \vdots & \vdots & \dots & \vdots \\ \vec{e}_1 & \vec{e}_2 & \dots & \vec{e}_n \\ \vdots & \vdots & \dots & \vdots \end{pmatrix}$$

ce qui revient à résoudre n systèmes de la forme:

$$A \cdot \begin{bmatrix} \vdots \\ \vec{b}_i \\ \vdots \end{bmatrix} = \begin{bmatrix} \vdots \\ \vec{e}_i \\ \vdots \end{bmatrix} \quad 1 \leq i \leq n.$$

Par hypothèse, la forme échelonnée de A possède n pivots. Donc, chaque système détermine la colonne $\vec{b}_i$ de B de manière unique. Il s'ensuit que B est en effet l'unique matrice telle que $A \cdot B = I_n$.

Par construction, B est aussi de rang n, [ou bien $\det(A \cdot B) = \det A \cdot \det B = \det I_n = 1$] et nous pouvons trouver l'unique matrice carrée C telle que $B \cdot C = I_n$ selon l'algorithme que nous venons d'exécuter pour calculer B.

Puisque $A \cdot B = I_n$ et $B \cdot C = I_n$, $(A \cdot B) \cdot C = A \cdot (B \cdot C) = A \cdot I_n = A$ et $(A \cdot B) \cdot C = I_n \cdot C = C$. Donc, A=C.

□

COROLLAIRE 2.94. *Si A et B sont deux matrices carrées inversibles d'ordre n, alors le produit $A \cdot B$ est inversible et $(A \cdot B)^{-1} = B^{-1} \cdot A^{-1}$.*

DÉMONSTRATION. L'associativité du produit matriciel donne

$$\begin{aligned}(A \cdot B) \cdot (B^{-1} \cdot A^{-1}) &= A \cdot (B \cdot B^{-1}) \cdot A^{-1} = A \cdot I_n \cdot A^{-1} \\ &= (A \cdot I_n) \cdot A^{-1} = A \cdot A^{-1} = I_n.\end{aligned}$$

Le corollaire est une conséquence de l'unicité de l'inverse.

□

COROLLAIRE 2.95. *Si A est une matrice carrée inversible d'ordre n alors $(A^{-1})^{-1} = A$.*

DÉMONSTRATION. Partant du corollaire précédent, on écrit:

$$I_n = I_n^{-1} = (A \cdot A^{-1})^{-1} = (A^{-1})^{-1} \cdot A^{-1}.$$

Le corollaire découle de l'unicité de l'inverse. □

Nos calculs s'effectueront surtout dans le plan $\mathbb{E}^2$ et dans l'espace $\mathbb{E}^3$, d'où l'importance de la proposition suivante.

PROPOSITION 2.96. *Si* $A = \begin{pmatrix} a & b \\ c & d \end{pmatrix}$ *est inversible, son inverse est:*

$$A^{-1} = \frac{1}{\det A}\begin{pmatrix} d & -b \\ -c & a \end{pmatrix}, \quad \det A = ad - bc.$$

Si $A = \begin{pmatrix} a & b & c \\ d & e & f \\ g & h & k \end{pmatrix}$ *est inversible, son inverse est:*

$$A^{-1} = \frac{1}{\det A}\begin{pmatrix} (ek-fh) & -(bk-ch) & (bf-ce) \\ -(dk-fg) & (ak-cg) & -(af-cd) \\ (dh-eg) & -(ah-bg) & (ae-bd) \end{pmatrix},$$

$\det A = a(ek - fh) - b(dk - fg) + c(dh - eg)$.

DÉMONSTRATION. Une simple exécution de l'algorithme utilisé dans la preuve du Théorème 2.93 suffira. Nous démontrerons le cas de $\mathbb{E}^2$. La lectrice sceptique pourra toujours effectuer, elle-même, les calculs dans $\mathbb{E}^3$ ou seulement vérifier qu'en effet $A \cdot A^{-1} = I_3$ en invoquant l'unicité de l'inverse.

Nous nous proposons de résoudre le système:

$$\begin{pmatrix} a & b \\ c & d \end{pmatrix}\begin{pmatrix} x & y \\ z & t \end{pmatrix} = \begin{pmatrix} 1 & 0 \\ 0 & 1 \end{pmatrix},$$

par élimination gaussienne. Donc, on peut, sans restreindre la généralité de ce qui précède, assumer que $a \neq 0$.

$$\begin{pmatrix} a & b & \vdots & 1 & 0 \\ c & d & \vdots & 0 & 1 \end{pmatrix} \to L_2 - \frac{c}{a}L_1 \to \begin{pmatrix} a & b & \vdots & 1 & 0 \\ 0 & \frac{ad-cb}{a} & \vdots & -\frac{c}{a} & 1 \end{pmatrix}.$$

Par hypothèse, A est de rang 2. Il s'ensuit que sa forme échelonnée a deux pivots a et $\dfrac{\det A}{a}$. Donc,

$$z = \frac{-\frac{c}{a}}{\frac{\det A}{a}} = \frac{-c}{\det A}, \qquad t = \frac{1}{\frac{\det A}{a}} = \frac{a}{\det A},$$

$$ax = 1 - bz \iff ax = 1 + \frac{bc}{\det A} = \frac{ad - bc + bc}{\det A} \iff x = \frac{d}{\det A},$$

$$\text{enfin, } ay = -bt = \frac{-ab}{\det A} \iff y = \frac{-b}{\det A}$$

□

Le changement de coordonnées défini par l'équation $\vec{x} = S[\vec{x}]_\Gamma$ auparavant peut être réalisé à présent par l'équation

$$[\vec{x}]_\Gamma = S^{-1}\vec{x}.$$

Cette nouvelle formule appliquée aux Examples 2.91 et 2.92 donne:

$$[\vec{x}]_\Gamma = \begin{pmatrix} -2 & 1 \\ 1 & 2 \end{pmatrix}^{-1} \begin{bmatrix} 2 \\ 2 \end{bmatrix} = -\frac{1}{5}\begin{pmatrix} 2 & -1 \\ -1 & -2 \end{pmatrix} \begin{bmatrix} 2 \\ 2 \end{bmatrix} = -\frac{1}{5}\begin{bmatrix} 2 \\ -6 \end{bmatrix} = \begin{bmatrix} -\frac{2}{5} \\ \frac{6}{5} \end{bmatrix}$$

et

$$[\vec{x}]_\Gamma = \begin{pmatrix} 1 & 1 & 1 \\ 2 & 3 & 4 \\ 1 & 4 & 8 \end{pmatrix}^{-1} \begin{bmatrix} 2 \\ 1 \\ 0 \end{bmatrix} = \begin{pmatrix} 8 & -4 & 1 \\ -12 & 7 & -2 \\ 5 & -3 & 1 \end{pmatrix}^{-1} \begin{bmatrix} 2 \\ 1 \\ 0 \end{bmatrix} = \begin{bmatrix} 12 \\ -17 \\ 7 \end{bmatrix}.$$

Exercice 2.97. Dans chaque cas, trouver $[\vec{x}]_\Gamma$ en utilisant les deux formules de changement de coordonnées si possible.

(1) $\vec{x} = \begin{bmatrix} -4 \\ 4 \end{bmatrix}, \Gamma = \left\{ \begin{bmatrix} 1 \\ 2 \end{bmatrix}, \begin{bmatrix} 5 \\ 6 \end{bmatrix} \right\}$

(2) $\vec{x} = \begin{bmatrix} 2 \\ 3 \\ 4 \end{bmatrix}, \Gamma = \left\{ \begin{bmatrix} 1 \\ 1 \\ 0 \end{bmatrix}, \begin{bmatrix} 2 \\ 0 \\ 1 \end{bmatrix} \right\}$

(3) $\vec{x} = \begin{bmatrix} 2 \\ 3 \\ 4 \end{bmatrix}, \Gamma = \left\{ \begin{bmatrix} 1 \\ 1 \\ 0 \end{bmatrix}, \begin{bmatrix} 2 \\ 0 \\ 1 \end{bmatrix}, \begin{bmatrix} 0 \\ 1 \\ -1 \end{bmatrix} \right\}$

(4) $\vec{x} = \begin{bmatrix} 2 \\ 3 \\ 4 \end{bmatrix}, \Gamma = \left\{ \begin{bmatrix} 1 \\ 1 \\ 0 \end{bmatrix}, \begin{bmatrix} 2 \\ 0 \\ 1 \end{bmatrix}, \begin{bmatrix} 0 \\ 1 \\ -1 \end{bmatrix} \right\}$

(5) $\vec{x} = \begin{bmatrix} 7 \\ 1 \\ 1 \end{bmatrix}, \Gamma = \left\{ \begin{bmatrix} 1 \\ 1 \\ 1 \end{bmatrix}, \begin{bmatrix} 1 \\ 2 \\ 3 \end{bmatrix}, \begin{bmatrix} 1 \\ 3 \\ 6 \end{bmatrix} \right\}$

(6) $\vec{x} = \begin{bmatrix} 5 \\ 4 \\ 3 \\ 2 \end{bmatrix}$, $\Gamma = \left\{ \begin{bmatrix} 1 \\ 1 \\ 0 \\ 0 \end{bmatrix}, \begin{bmatrix} 1 \\ 2 \\ 3 \\ 0 \end{bmatrix}, \begin{bmatrix} 1 \\ 3 \\ 0 \\ -1 \end{bmatrix} \right\}$

La formule $[\vec{x}]_\Gamma = S^{-1}\vec{x}$ présente un inconvénient majeur, comparée à la première $S[\vec{x}]_\Gamma = \vec{x}$. Cet inconvénient est dû à sa complexité algorithmique à partir de la dimension quatre et même en dimension trois, comme on peut le constater à travers ses propres expériences. Le calcul du déterminant d'une matrice carrée d'ordre n, effectué naïvement, c'est-à-dire comme nous l'avons fait, est d'une complexité d'ordre $\mathcal{O}(n!)$, donc pire qu'exponentielle. Autrement dit, quand n est assez grand, le programme informatique ne se terminera pas, indépendamment de la puissance de l'ordinateur de Turing utilisé et de la justesse de l'implémentation. Au fil du temps, cette complexité s'est baissée jusqu'à $\mathcal{O}(n^{2.373})$ dans les années 70. Cependant, les nouveaux algorithmes permettant d'achever un tel résultat ne sont exécutables que sur ordinateur. C'est pourquoi il est recommandé à l'apprenti mathématicien de se mettre au diapason au regard de ces exigences computationnelles. Nous vous conseillons de vous familiariser avec la version gratuite du logiciel *WolframAlpha* trouvable à l'addresse `https://www.wolframalpha.com/` où l'on peut effectuer des calculs mathématiques très compliqués.

Exemple 2.98. Considérons la matrice $A = \begin{pmatrix} 1 & 1 & 0 & 0 \\ 2 & 4 & 1 & 0 \\ 3 & 6 & 0 & 1 \\ 4 & 8 & 0 & 0 \end{pmatrix}$.

La commande de programmation

```
det{{1, 1 ,0 ,0},{ 2, 4 ,1 , 0},{ 3 , 6, 0 ,1} ,{4, 8, 0,0}}
```

affiche instantanément le déterminant de A qui est 4.

En fait, si vous tapez

```
A ={{1, 1 ,0 ,0},{ 2, 4 ,1 , 0},{ 3 , 6, 0 ,1} ,{4, 8, 0,0}}
```

seulement, vous obtiendrez $A^{-1} = \frac{1}{4}\begin{pmatrix} 8 & 0 & 0 & -1 \\ -4 & 0 & 0 & 1 \\ 0 & 4 & 0 & -2 \\ 0 & 0 & 4 & -3 \end{pmatrix}$.

et d'autres informations sur A que nous verrons plus tard.

Puisque A est inversible, ses colonnes sont linéairement indépendantes et forment une base Γ de $\mathbb{R}^4$. Soit $\vec{x} = \begin{bmatrix} 1 \\ 2 \\ -1 \\ 3 \end{bmatrix} \in \mathbb{R}^4$. Pour trouver $\vec{x}_\Gamma$ on entre la commande

```
inverse{{1, 1 ,0 ,0},{ 2, 4 ,1 , 0},{ 3 , 6, 0 ,1} ,{4, 8, 0,0}}
 *{{1}, {2}, {-1}, {3}}
```

qui donne $\vec{x}_\Gamma = \frac{1}{4}\begin{bmatrix} 5 \\ -1 \\ 2 \\ -13 \end{bmatrix}$.

On pourrait obtenir le même résultat par le biais de la première formule $\vec{x} = A\vec{x}_\Gamma$ ainsi implémentée

```
solve{{1, 1 ,0 ,0},{ 2, 4 ,1 , 0},{ 3 , 6, 0 ,1} ,{4, 8, 0,0}} *
 {x, y,z,t} = {{1}, {2}, {-1}, {3}}
```

pour trouver les nouvelles coordonnées

```
x = 5/4 and z = 1/2 and y = -1/4 and t = -13/4.
```

□

EXERCICE 2.99. Vérifier les résultats de l'exercice 2.97 à l'aide de Wolfram Alpha.

Diagonalisation Matricielle

Comme nous l'avons vu au module 1, tout vecteur non nul dans la base canonique du plan réel $\mathbb{R}^2$ est doté d'une matrice de projection orthogonale définie à partir de ses coordonnées. En effet, si $\vec{u} = \begin{bmatrix} u_1 \\ u_2 \end{bmatrix}$, alors sa propre matrice de projection orthogonale est

$$P = \frac{1}{u_1^2 + u_2^2}\begin{pmatrix} u_1^2 & u_1u_2 \\ u_1u_2 & u_2^2 \end{pmatrix}.$$

Il s'en suit que la projection orthogonale d'un quelconque vecteur $\vec{v}$ du plan sur la droite engendrée par $\vec{u}$ est

$$P_{\vec{u}}(\vec{v}) = P\vec{v}.$$

En guise d'exemple, prenons la matrice de projection du vecteur $\vec{u} = \begin{bmatrix} 1 \\ 1 \end{bmatrix}$

$$P = \frac{1}{2}\begin{pmatrix} 1 & 1 \\ 1 & 1 \end{pmatrix},$$

alors la projection orthogonale de $\vec{x} = \begin{bmatrix} x \\ y \end{bmatrix}$ sur la droite engendrée par $\vec{u}$ est

$$\frac{1}{2}\begin{pmatrix}1 & 1\\ 1 & 1\end{pmatrix}\begin{bmatrix}x\\ y\end{bmatrix} = \begin{bmatrix}\frac{x+y}{2}\\ \\ \frac{x+y}{2}\end{bmatrix}$$

Dans $\mathbb{R}^4$, si $\vec{u} = \begin{bmatrix}u_1\\ u_2\\ u_3\\ u_4\end{bmatrix}$, sa matrice de projection orthogonale sera

$$P = \frac{1}{u_1^2+u_2^2+u_3^2+u_4^2}\begin{pmatrix}u_1^2 & u_1u_2 & u_1u_3 & u_1u_4\\ u_1u_2 & u_2^2 & u_2u_3 & u_2u_4\\ u_1u_3 & u_2u_3 & u_3^2 & u_3u_4\\ u_1u_4 & u_2u_4 & u_3u_4 & u_4^2\end{pmatrix}.$$

Tout cela est de bonne guerre mais peu éclairant. Après tout, nous savons très bien qu'une projection orthogonale est une opération géométrique simple. Alors, pourquoi cette qualité n'apparait-elle pas dans sa description algébrique, pourquoi accepter une matrice aussi dense? Du point de vue philosophique, on devrait être capable de dégager son contenu géométrique sans trop de difficulté. Pour remédier à ce genre de contradictions métaphysiques, il est souhaitable de procéder à un changement de base si possible pour mettre en exergue la signification géométrique de l'objet algébrique.

Revenons au cas de $\mathbb{R}^2$. Si $\vec{u} = \begin{bmatrix}u_1\\ u_2\end{bmatrix} \neq \vec{0}$, considérons la famille

$$\Gamma = \left\{\vec{u} = \begin{bmatrix}u_1\\ u_2\end{bmatrix}, \vec{v} = \begin{bmatrix}u_2\\ -u_1\end{bmatrix}\right\}.$$

Alors, Γ est une base de $\mathbb{R}^2$, les vecteurs $\vec{u}$ et $\vec{v}$ étant perpendiculaires. La projection orthogonale de tout vecteur $[x]_\Gamma = \begin{bmatrix}\bar{x}\\ \bar{y}\end{bmatrix}$ sur $\vec{u}$ est $\bar{x}\vec{u}$. Donc, dans la base Γ, la projection orthogonale P est équivalente à la matrice $\begin{pmatrix}1 & 0\\ 0 & 0\end{pmatrix}$ très creuse ou clairsemée dont l'interprétation géométrique est tout à fait claire.

Si, comme auparavant, $\vec{u} = \begin{bmatrix}1\\ 1\end{bmatrix}$ et $\vec{x} = \begin{bmatrix}x\\ y\end{bmatrix}$, alors $\Gamma = \left\{\begin{bmatrix}1\\ 1\end{bmatrix}, \begin{bmatrix}1\\ -1\end{bmatrix}\right\}$ et

$$[x]_\Gamma = -\frac{1}{2}\begin{pmatrix}-1 & -1\\ -1 & 1\end{pmatrix}\begin{bmatrix}x\\ y\end{bmatrix} = \begin{bmatrix}\frac{x+y}{2}\\ \\ \frac{x-y}{2}\end{bmatrix}.$$

La projection dans la base Γ est $\frac{x+y}{2}\begin{bmatrix}1\\ 1\end{bmatrix} = \begin{bmatrix}\frac{x+y}{2}\\ \\ \frac{x+y}{2}\end{bmatrix}$ dans la base canonique, comme nous l'avons déjà vu.

Les matrices creuses les plus utilisées dans les domaines scientifiques sont celles qui sont ou presque diagonales. Une matrice *diagonale* est une matrice carrée dont les coefficients en dehors de la diagonale principale sont nuls. Les coefficients de la diagonale peuvent être nuls ou non. Selon notre notation, A est une matrice diagonale si et seulement si les coefficients $a_{ij} = 0$ quand $i \neq j$.

L'activité qui consiste à trouver une base dans laquelle une matrice carrée A soit équivalente à une matrice diagonale Λ est une *diagonalisation matricielle*, et dans ce cas on dit que A est *diagonalisable*. Sur le corps complexe $\mathbb{C}$, théoriquement on peut déterminer si ou non une matrice carrée est diagonalisable parce que $\mathbb{C}$ est algébriquement fermé. Puisque $\mathbb{R}$ n'est pas algébriquement fermé, l'équation $x^2 + 1 = 0$, par exemple, n'ayant pas de racine réelle, il advient que ce défaut donne naissance à une sublime théorie que nous allons explorer maintenant.

DÉFINITION 2.100. Une matrices carrée A est *semblable* à une autre matrice carrée du même ordre B, s'il existe une matrice inversible S telle que $AS = SB$, c'est-à-dire, $A = SBS^{-1}$ et $B = S^{-1}AS$.

PROPOSITION 2.101. *La relation de similitude que nous venons de définir est une relation d'équivalence.*

DÉMONSTRATION. Toute matrice carrée d'ordre n est semblable à elle-même parce que par définition $A \cdot I_n = I_n \cdot A = A$. La relation de similitude est donc réflexive.

S'il existe une matrice inversible S telle que $A = SBS^{-1}$, alors $B = S^{-1}AS \Rightarrow SB = AS$. La relation de similitude est donc symétrique.

Si A est semblable à B et B à C, alors, par définition, il existe deux matrices inversibles S et T telles que $A = SBS^{-1}$ et $B = TCT^{-1}$. Cela implique que

$$A = STCT^{-1}S^{-1} \iff A = (ST)C(T^{-1}S^{-1}) \iff A(ST) = (ST)C.$$

Il s'ensuit que A et C sont semblables et que la relation de similitude est transitive.

□

PROPOSITION 2.102. *Si deux matrices carrées A et B sont semblables, alors A^k et B^k où k est un nombre entier positif le sont aussi.*

DÉMONSTRATION. Par hypothèse, il existe une matrice inversible S telle que

$$\begin{aligned} A^k &= (SBS^{-1})^k = \underbrace{(SBS^{-1})(SBS^{-1})\cdots(SBS^{-1})}_{k \text{ facteurs}} \\ &= \underbrace{SB(S^{-1}S)B(S^{-1}S)\cdots(S^{-1}S)BS^{-1}}_{\text{associativité du produit matriciel}} \\ &= S\underbrace{(B\cdot B\cdots B)}_{k \text{ facteurs}}S^{-1} = SB^kS^{-1} \\ &\Rightarrow A^kS = SB^k \end{aligned}$$

□

PROPOSITION 2.103. *Si deux matrices A et B sont semblables, alors elles ont le même rang.*

DÉMONSTRATION. Rappelons que le rang d'une matrice est la dimension de son image. Par hypothèse, il existe une matrice inversible S telle que $AS = SB$. Si $\vec{v} \in \mathrm{Im}(B)$, alors par définition, il existe un vecteur $\vec{u}$ tel que $\vec{v} = B\vec{u}$ et $S\vec{v} = SB\vec{u} = A(S\vec{u})$. Donc, $S\vec{v} \in \mathrm{Im}(A)$, autrement dit l'image de la multiplication par S de $\mathrm{Im}(B)$ est incluse dans $\mathrm{Im}(A)$. Puisque S est inversible, elle aussi injective; ce qui implique que $\dim \mathrm{Im}(A) \geq \dim \mathrm{Im}(B)$. Un argument symétrique montrerait que $\dim \mathrm{Im}(B) \geq \dim \mathrm{Im}(A)$. Il s'ensuit que $\dim \mathrm{Im}(A) = \dim \mathrm{Im}(B)$ et que les deux matrices ont en effet le même rang.

□

COROLLAIRE 2.104. *Si deux matrices A et B sont semblables, alors A est inversible si et seulement si B est aussi inversible.*

DÉMONSTRATION. Puisqu'elles ont le même rang, leurs formes échelonnées possèdent le même nombre de pivots. Donc, le système $AX = I$ a exactement une solution si et seulement si le système $BY = I$ en a exactement une aussi.

□

EXEMPLE 2.105 (Matrice Nilpotente). Il existe une classe importante de matrices carrées appelées matrices *nilpotentes* définie par l'équation

$$A = \vec{0} \text{ ou bien } A \neq \vec{0} \Rightarrow \exists n \in \mathbb{N} : A^n = \vec{0}.$$

Dans ce contexte, nous entendons par $\vec{0}$, une matrice carrée dont tous les coefficients sont nuls; n est un nombre entier positif.

La matrice $\begin{pmatrix} 0 & 1 \\ 0 & 0 \end{pmatrix}$ est nilpotente parce que

$$\begin{pmatrix} 0 & 1 \\ 0 & 0 \end{pmatrix}^2 = \begin{pmatrix} 0 & 1 \\ 0 & 0 \end{pmatrix}\begin{pmatrix} 0 & 1 \\ 0 & 0 \end{pmatrix} = \begin{pmatrix} 0 & 0 \\ 0 & 0 \end{pmatrix}$$

Noter que la classe de similitude d'une matrice nilpotente ne contient que des matrices nilpotentes et que la classe de $\vec{0}$ est un singleton ne contenant que $\vec{0}$, car selon la proposition précédente si $A \neq \vec{0}$ est nilpotente et B est semblable à A alors $A = SBS^{-1}$ et il existe un nombre entier positif n tel que

$$\vec{0} = A^n = SB^nS^{-1} \Rightarrow B^n = S^{-1}A^nS = S^{-1} \cdot \vec{0} \cdot S = \vec{0}.$$

Dans le cas des matrices à coefficients complexes, le nombre de classes de matrices nilpotentes d'ordre n est égal au nombre de partitions de n. Par exemple, $\mathfrak{sl}_2(\mathbb{C})$, l'espace vectoriel des matrices complexes carrées d'ordre 2 et de trace zéro, possède exactement deux classes de nilpotence représentées respectivement par

$$\left\{ \begin{pmatrix} 0 & 0 \\ 0 & 0 \end{pmatrix}, \begin{pmatrix} 0 & 1 \\ 0 & 0 \end{pmatrix} \right\}$$

conformément au fait qu'il y a exactement deux partitions de 2: $(1, 1)$ et (2).

Cependant, dans le cas de $\mathfrak{sl}_2(\mathbb{R})$, l'espace vectoriel des matrices réelles carrées d'ordre 2 et de trace zéro, le déterminant de la matrice S doit être égal à 1, on voit que l'on a trois classes de nilpotence représentées respectivement par

$$\left\{ \begin{pmatrix} 0 & 0 \\ 0 & 0 \end{pmatrix}, \begin{pmatrix} 0 & 1 \\ 0 & 0 \end{pmatrix}, \begin{pmatrix} 0 & 0 \\ 1 & 0 \end{pmatrix} \right\},$$

Cette différence s'explique par le fait qu'il n'existe pas de matrice inversible réelle S d'ordre 2 et de déterminant 1 telle que

$$\begin{pmatrix} 0 & 1 \\ 0 & 0 \end{pmatrix} \cdot S = S \cdot \begin{pmatrix} 0 & 0 \\ 1 & 0 \end{pmatrix}.$$

Supposons qu'il en existe une $S = \begin{pmatrix} x & y \\ z & t \end{pmatrix}$, alors

$$\begin{pmatrix} 0 & 1 \\ 0 & 0 \end{pmatrix} \begin{pmatrix} x & y \\ z & t \end{pmatrix} = \begin{pmatrix} x & y \\ z & t \end{pmatrix} \begin{pmatrix} 0 & 0 \\ 1 & 0 \end{pmatrix} \iff \begin{pmatrix} z & t \\ 0 & 0 \end{pmatrix} = \begin{pmatrix} y & 0 \\ t & 0 \end{pmatrix} \Rightarrow y = z, t = 0.$$

Puisque $\det \begin{pmatrix} x & y \\ y & 0 \end{pmatrix} = -y^2 = 1 \iff y = \pm i$, S ne peut pas être une matrice réelle.

Un théorème très appliqué et très utile dans la résolution des systèmes d'équations différentielles entre autres, connu comme la *décomposition de Jordan* et démontré pour la première fois par Camille Jordan en 1870, stipule que toute matrice carrée complexe d'ordre n est semblable à la somme d'une matrice diagonale Λ et d'une matrice nilpotente $\mathcal{N}$ telles que $\Lambda\mathcal{N} = \mathcal{N}\Lambda$.

□

EXEMPLE 2.106. Les deux matrices représentant la projection orthogonale que nous avons vue au début de cette section sont semblables et les colonnes de S sont les vecteurs de Γ. Dans ce cas, nous posons

$$A = \frac{1}{2}\begin{pmatrix} 1 & 1 \\ 1 & 1 \end{pmatrix}, S = \begin{pmatrix} 1 & 1 \\ 1 & -1 \end{pmatrix} \text{ et } B = \begin{pmatrix} 1 & 0 \\ 0 & 0 \end{pmatrix}$$

et nous calculons les produits

$$AS = \begin{pmatrix} 1 & 0 \\ 1 & 0 \end{pmatrix} = SB.$$

Cette dernière équation n'est ni la conséquence d'un pur hasard ni celle d'une quelconque miséricorde. Nous savons pourquoi ces deux matrices sont semblables parce que nous avons développé une théorie qui le prédit.

□

Il est recommendable de considérer une matrice carrée A d'ordre n à coefficients réels comme une fonction de $\mathbb{R}^n \to \mathbb{R}^n$ telle que $A(\vec{x}) = A \cdot \vec{x}$. Le lecteur vérifiera que

$$A(\vec{x} + \vec{y}) = A(\vec{x}) + A(\vec{y}), \text{ et } \forall \lambda \in \mathbb{R}, A(\lambda\vec{x}) = \lambda A(\vec{x}).$$

Munie de ces deux propriétés, A est ce qu'on appelle une *application linéaire.*

Nous assumerons que A est dans la base canonique de $\mathbb{R}^n$. Alors, il est clair que

$$A(\vec{e_i}) = A \cdot \vec{e_i} = A_i \text{ l'ième colonne } A, 1 \leq i \leq n.$$

Soit $\Gamma = \{\vec{v}_1, \vec{v}_2, \cdots, \vec{v}_n\}$ une base de $\mathbb{R}^n$ et $\vec{x} \in \mathbb{R}^n$, alors

$$\vec{x} = x_1\vec{v}_1 + x_2\vec{v}_2 + \cdots + x_n\vec{v}_n,$$
$$A \cdot \vec{x} = x_1 A \cdot \vec{v}_1 + x_2 A \cdot \vec{v}_2 + \cdots + x_n A \cdot \vec{v}_n$$

$$\text{et } [A \cdot \vec{x}]_\Gamma = x_1[A \cdot \vec{v}_1]_\Gamma + x_2[A \cdot \vec{v}_2]_\Gamma + \cdots + x_n[A \cdot \vec{v}_n]_\Gamma$$

$$= \underbrace{\begin{pmatrix} \vdots & \vdots & \cdots & \vdots \\ [A \cdot \vec{v}_1]_\Gamma & [A \cdot \vec{v}_2]_\Gamma & \cdots & [A \cdot \vec{v}_n]_\Gamma \\ \vdots & \vdots & \cdots & \vdots \end{pmatrix}}_{B} [\vec{x}]_\Gamma$$

Posons $S = \begin{pmatrix} \vdots & \vdots & \dots & \vdots \\ \vec{v}_1 & \vec{v}_2 & \dots & \vec{v}_n \\ \vdots & \vdots & \dots & \vdots \end{pmatrix}$. Par construction S est inversible parce que ses colonnes sont linéairement indépendantes. Il s'ensuit que

$$S^{-1} \cdot (A \cdot \vec{x}) = [A \cdot \vec{x}]_\Gamma = B \cdot [\vec{x}]_\Gamma = B \cdot (S^{-1} \cdot \vec{x}),$$

ce qui rend le diagramme ou le schéma de la Figure 2.0.1 commutatif, donc $AS = SB$.

FIGURE 2.0.1. Changement de Base: $\vec{y} = [x]_\Gamma$, $\vec{x} = S\vec{y}$

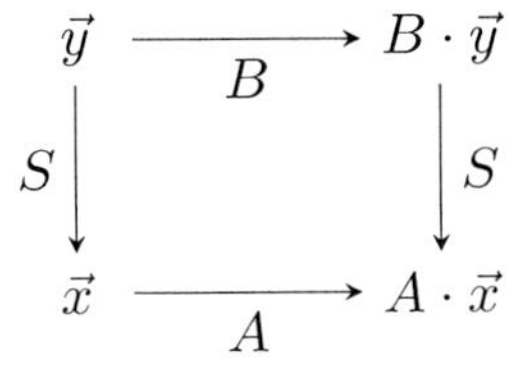

EXEMPLE 2.107. Pour représenter la matrice $\begin{pmatrix} 1 & 2 \\ 3 & 6 \end{pmatrix}$ dans la base $\Gamma = \left\{ \begin{bmatrix} 1 \\ 3 \end{bmatrix}, \begin{bmatrix} -2 \\ 1 \end{bmatrix} \right\}$, partant de la formule $AS = SB$, on calcule $B = S^{-1}AS$ pour trouver

$$B = \frac{1}{7} \begin{pmatrix} 1 & 2 \\ -3 & 1 \end{pmatrix} \begin{pmatrix} 1 & 2 \\ 3 & 6 \end{pmatrix} \begin{pmatrix} 1 & -2 \\ 3 & 1 \end{pmatrix} = \begin{pmatrix} 7 & 0 \\ 0 & 0 \end{pmatrix}.$$

Pour représenter la matrice $\begin{pmatrix} 0 & 2 & -1 \\ 2 & -1 & 0 \\ 4 & -4 & 1 \end{pmatrix}$ dans la base $\Gamma = \left\{ \begin{bmatrix} 1 \\ 1 \\ 1 \end{bmatrix}, \begin{bmatrix} 0 \\ 1 \\ 2 \end{bmatrix}, \begin{bmatrix} 1 \\ 2 \\ 4 \end{bmatrix} \right\}$, partant de la formule $AS = SB$, on calcule $B = S^{-1}AS$ pour trouver

$$B = \begin{pmatrix} 1 & 0 & 1 \\ 1 & 1 & 2 \\ 1 & 2 & 4 \end{pmatrix}^{-1} \begin{pmatrix} 0 & 2 & -1 \\ 2 & -1 & 0 \\ 4 & -4 & 1 \end{pmatrix} \begin{pmatrix} 1 & 0 & 1 \\ 1 & 1 & 2 \\ 1 & 2 & 4 \end{pmatrix} = \begin{pmatrix} 1 & 0 & 0 \\ 0 & -1 & 0 \\ 0 & 0 & 0 \end{pmatrix}.$$

□

EXERCICE 2.108. Trouver la représentation de $\begin{pmatrix} 5 & -4 & -2 \\ -4 & 5 & -2 \\ -2 & -2 & 8 \end{pmatrix}$ dans la base

$$\Gamma = \left\{ \begin{bmatrix} 1 \\ 1 \\ 1 \end{bmatrix}, \begin{bmatrix} 0 \\ 1 \\ 2 \end{bmatrix}, \begin{bmatrix} 1 \\ 2 \\ 4 \end{bmatrix} \right\}$$

.

EXERCICE 2.109. Montrer que si A est une matrice carrée d'ordre 3 représentant la réflexion à travers un plan, alors A est semblable à $\begin{pmatrix}1 & 0 & 0\\ 0 & 1 & 0\\ 0 & 0 & -1\end{pmatrix}$.

EXERCICE 2.110. Soit $\Gamma = \{\vec{v}_1, \vec{v}_2, \cdots, \vec{v}_n\}$ une base de $\mathbb{R}^n$. Si Ξ une autre base de $\mathbb{R}^n$. Est-ce $\{[\vec{v}_1]_\Xi, [\vec{v}_2]_\Xi, \cdots, [\vec{v}_n]_\Xi\}$ une base de $\mathbb{R}^n$ aussi?

EXERCICE 2.111. Soit A une matrice carrée d'ordre 3 et un vecteur $\vec{v}$ tels que:

$$A^3\vec{v} = \vec{0} \text{ mais } A^2\vec{v} \neq \vec{0}.$$

Montrer que $\{\vec{v}, A\vec{v}, A^2\vec{v}\}$ est une base de $\mathbb{R}^3$, et exprimer A dans cette base.

EXERCICE 2.112. Montrer que la matrice $A = \begin{pmatrix}a & b\\ b & -a\end{pmatrix}$ telle que $a^2+b^2 = 1$, est une réflexion dans le plan, la représenter dans la base $\left\{\begin{bmatrix}b\\ 1-a\end{bmatrix}, \begin{bmatrix}a-1\\ b\end{bmatrix}\right\}$ et donner une interprétation géométrique à la réponse.

EXERCICE 2.113. Montrer que si A est semblable à B, alors $\det A = \det B$.

Maintenant, nous allons développer une théorie qui va nous permettre de savoir quand il est possible de trouver une base Γ dans laquelle une matrice carrée A est équivalente une matrice diagonale Λ.

DÉFINITION 2.114. Un vecteur non nul $\vec{v}$ tel que

$$A\vec{v} = \lambda\vec{v}.$$

est *un vecteur propre* de la matrice carrée A, et le scalaire λ est la *valeur propre* de A associée au vecteur propre $\vec{v}$.

EXEMPLE 2.115. Tout vecteur $\vec{v} \neq \vec{0}$ est un vecteur propre de l'identité parce que

$$\forall\vec{v} \in \mathbb{V},\ I_n \cdot \vec{v} = \vec{v}.$$

On voit alors que 1 est la valeur propre de I_n associée à tout vecteur.

Les vecteurs $\vec{u} = \begin{bmatrix}1\\ 0\end{bmatrix}$ et $\vec{v} = \begin{bmatrix}0\\ 1\end{bmatrix}$ sont des vecteurs propres de la matrice $\begin{pmatrix}1 & 0\\ 0 & 0\end{pmatrix}$ parce que

$$A\vec{u} = \vec{u} \text{ et } A\vec{v} = 0\vec{v} = \vec{0},$$

1 et 0 sont les valeurs propres de A associées à $\vec{u}$ et $\vec{v}$ respectivement.

Les vecteurs $\vec{u} = \begin{bmatrix} 1 \\ 0 \end{bmatrix}$ et $\vec{v} = \begin{bmatrix} 0 \\ 1 \end{bmatrix}$ sont des vecteurs propres de la matrice $\begin{pmatrix} 1 & 0 \\ 0 & -1 \end{pmatrix}$ parce que

$$A\vec{u} = \vec{u} \text{ et } A\vec{v} = -\vec{v},$$

1 et -1 sont les valeurs propres de A associées à $\vec{u}$ et $\vec{v}$ respectivement.

□

PROPOSITION 2.116. *Si $\vec{v}$ est un vecteur propre de A et de B, alors $\vec{v}$ est un vecteur propre de AB et de BA associé à la même valeur propre.*

DÉMONSTRATION. En effet si $A\vec{v} = \lambda\vec{v}$ et $B\vec{v} = \mu\vec{v}$, alors

$$(AB)(\vec{v}) = A(B\vec{v}) = A(\mu\vec{v}) = \mu A\vec{v} = \mu\lambda\vec{v} = \lambda\mu\vec{v} = \lambda B\vec{v} = B(\lambda\vec{v}) = (BA)\vec{v}.$$

□

Nous vous conseillons de résoudre les prochains exercices avant de continuer votre lecture.

EXERCICE 2.117. Montrer que zéro est la seule valeur propre d'une matrice nilpotente.

EXERCICE 2.118. Soit λ une valeur propre d'une matrice matrice inversible A associée à un vecteur propre $\vec{v}$ de A. Montrer que $\lambda \neq 0$ et que $\frac{1}{\lambda}$ est une valeur propre de A^{-1} associée à $\vec{v}$.

PROPOSITION 2.119. *Soit λ une valeur propre d'une matrice carrée A d'ordre n, alors l'ensemble*

$$\mathbb{E}_\lambda = \{\vec{v} \in \mathbb{R}^n : A\vec{v} = \lambda\vec{v}\},$$

est un sous-espace de $\mathbb{R}^n$, c'est le sous-espace propre *associé à la valeur propre λ.*

DÉMONSTRATION. D'abord $\vec{0} \in E_\lambda$ parce que $A \cdot \vec{0} = \vec{0} = \lambda \cdot \vec{0}$, ensuite

$$\forall \vec{u}, \vec{v} \in \mathbb{E}_\lambda A(\vec{u} + \vec{v}) = A\vec{u} + A\vec{v} = \lambda\vec{u} + \lambda\vec{v} = \lambda(\vec{u} + \vec{v})$$

et enfin

$$\forall \vec{u} \in \mathbb{E}_\lambda, \forall \mu \in \mathbb{R}, A(\mu\vec{v}) = \mu(A\vec{v}) = \mu\lambda\vec{v} = \lambda(\mu\vec{v}).$$

□

Exemple 2.120. Si A est la matrice de projection $\begin{pmatrix}1 & 0\\ 0 & 0\end{pmatrix}$ dans la base canonique de $\mathbb{R}^2$, alors $\mathbb{E}_1$ est l'axe des x et $\mathbb{E}_0$ l'axe des y. On voit donc que

$$\mathbb{R}^2 = \mathbb{E}_1 \oplus \mathbb{E}_0.$$

Exemple 2.121. Si A est la matrice de réflection $\begin{pmatrix}1 & 0\\ 0 & -1\end{pmatrix}$ dans la base canonique de $\mathbb{R}^2$, alors $\mathbb{E}_1$ est l'axe des x et $\mathbb{E}_{-1}$ l'axe des y. On voit donc que

$$\mathbb{R}^2 = \mathbb{E}_1 \oplus \mathbb{E}_{-1}.$$

Exemple 2.122. Si A est la matrice de projection orthogonale

$$P = \frac{1}{u_1^2+u_2^2}\begin{pmatrix}u_1^2 & u_1u_2\\ u_1u_2 & u_2^2\end{pmatrix}$$

associée au vecteur $\vec{u} = \begin{bmatrix}u_1\\ u_2\end{bmatrix}$ dans la base canonique de $\mathbb{R}^2$,alors $\mathbb{E}_1$ est la droite engendrée par $\vec{u}$ et $\mathbb{E}_0$ est la droite perpendiculaire à $\vec{u}$. On voit encore une fois que

$$\mathbb{R}^2 = \mathbb{E}_1 \oplus \mathbb{E}_0.$$

Exercice 2.123. Argumenter géométriquement que la matrice de projection orthogonale sera

$$P = \frac{1}{u_1^2+u_2^2+u_3^2+u_4^2}\begin{pmatrix}u_1^2 & u_1u_2 & u_1u_3 & u_1u_4\\ u_1u_2 & u_2^2 & u_2u_3 & u_2u_4\\ u_1u_3 & u_2u_3 & u_3^2 & u_3u_4\\ u_1u_4 & u_2u_4 & u_3u_4 & u_4^2\end{pmatrix}.$$

associé au vecteur $\vec{u} = \begin{bmatrix}u_1\\ u_2\\ u_3\\ u_4\end{bmatrix}$

possède deux valeurs propres 0 et 1, et que

$$\mathbb{R}^4 = \mathbb{E}_1 \oplus \mathbb{E}_0$$

et semblable à $\begin{pmatrix}1 & 0 & 0 & 0\\ 0 & 0 & 0 & 0\\ 0 & 0 & 0 & 0\\ 0 & 0 & 0 & 0\end{pmatrix}$.

Quelques moments de réflexion sur les exemples précédents devraient, en principe, vous conduire à conjecturer que la projection orthogonale sur un vecteur ne peut avoir que 0 et 1 pour valeurs propres et que la réflexion orthogonale à travers un vecteur ne peut avoir que ± 1 pour valeurs propres, indépendamment de la base considérée. Ce n'est pas un accident.

PROPOSITION 2.124. *Soit λ une valeur propre de A associée au vecteur propre v et B une matrice semblable à A, alors λ est une valeur propre de B pas nécessairement associée à $\vec{v}$.*

DÉMONSTRATION. Par hypothèse, il existe une matrice inversible C telle que

$$B(C\vec{v}) = C(A\vec{v}) = C(\lambda\vec{v}) = \lambda(C\vec{v}).$$

Donc λ est une valeur propre de B associée au vecteur propre $C\vec{v}$.

□

Comment concrètement calculer les vecteurs propres et les valeurs propres associées? Théoriquement, cela se fait en résolvant des équations polynomiales dérivant d'un déterminant, et des systèmes d'équations linéaires. Lorsque la dimension de l'espace concerné dépasse 4 ou 5, il est souvent nécessaire d'utiliser des techniques algorithmiques sur ordinateur pour effectuer ces calculs. Cette branche des Mathématiques porte tantôt le nom d'Analyse numérique tantôt celui d'Algèbre linéaire numérique ou de Calcul matriciel. Nous nous bornerons aux dimensions faibles où la complexité des opérations dérange peu. Cependant, la théorie ici développée est valable pour tout espace de dimension finie.

Observons d'emblée qu'en dimension n si $\vec{v}$ est un vecteur propre de A, alors l'équation $A\vec{v} = \lambda\vec{v}$ s'écrit

$$A\vec{v} - \lambda\vec{v} = (A - \lambda I)\vec{v} = \vec{0}, \; I \text{ est la matrice de l'identité.}$$

Cette dernière équation dit que $\vec{v} \in \mathrm{Ker}(A - \lambda I)$ et puisque $\vec{v} \neq \vec{0}$, ce noyau n'est pas trivial. Il s'ensuit que la matrice $(A - \lambda I)$ n'est pas inversible, donc nécessairement

$$\det(A - \lambda I) = 0.$$

$\mathcal{P}_n(\lambda) = \det(A - \lambda I)$, *le polynôme caractéristique* de A, est un polynôme de degré n en fonction de λ. Les racines de ce polynôme sont les valeurs propres de A. Dans $\mathbb{C}$, $\mathcal{P}_n$ possède exactement n racines, ce nombre peut être inférieur dans le cas de $\mathbb{R}$.

EXEMPLE 2.125. Pour trouver les vecteurs propres de $\begin{pmatrix} 1 & 2 \\ 4 & 3 \end{pmatrix}$ dans $\mathbb{R}^2$, on commence par calculer ses valeurs propres, les racines réelles de

$$\mathcal{P}_2(\lambda) = \begin{vmatrix} 1-\lambda & 2 \\ 4 & 3-\lambda \end{vmatrix} = (1-\lambda)(3-\lambda) - 8 = \lambda^2 - 4\lambda - 5.$$

Les valeurs propres de A sont les solutions de l'équation:

$$\lambda^2 - 4\lambda - 5 = (\lambda - 5)(\lambda + 1) = 0,$$

$\lambda_1 = 5$ et $\lambda_2 = -1$ les valeurs propres que nous cherchons.

Maintenant, nous calculons les espaces propres $\mathbb{E}_5$ et $\mathbb{E}_{-1}$.

$\mathbb{E}_5$ est la solution du système $\begin{pmatrix} -4 & 2 \\ 4 & -2 \end{pmatrix} \begin{bmatrix} x \\ y \end{bmatrix} = \begin{bmatrix} 0 \\ 0 \end{bmatrix}$,

$$\begin{pmatrix} -4 & 2 \\ 4 & -2 \end{pmatrix} \to \begin{pmatrix} -4 & 2 \\ 0 & 0 \end{pmatrix} \Rightarrow y = 2x.$$

On voit que $\mathbb{E}_5$ est la droite $\left\langle \begin{bmatrix} 1 \\ 2 \end{bmatrix} \right\rangle$.

$\mathbb{E}_{-1}$ est la solution du système $\begin{pmatrix} 2 & 2 \\ 4 & 4 \end{pmatrix} \begin{bmatrix} x \\ y \end{bmatrix} = \begin{bmatrix} 0 \\ 0 \end{bmatrix}$,

$$\begin{pmatrix} 2 & 2 \\ 4 & 4 \end{pmatrix} \to \begin{pmatrix} 2 & 2 \\ 0 & 0 \end{pmatrix} \Rightarrow y = -x.$$

On voit que $\mathbb{E}_{-1}$ est la droite $\left\langle \begin{bmatrix} 1 \\ -1 \end{bmatrix} \right\rangle$.

Notons que $\Gamma = \left\{ \begin{bmatrix} 1 \\ 2 \end{bmatrix}, \begin{bmatrix} 1 \\ -1 \end{bmatrix} \right\}$ est une base de $\mathbb{R}^2$, et que

$$\begin{pmatrix} 1 & 2 \\ 4 & 3 \end{pmatrix} \begin{pmatrix} 1 & 1 \\ 2 & -1 \end{pmatrix} = \begin{pmatrix} 1 & 1 \\ 2 & -1 \end{pmatrix} \begin{pmatrix} 5 & 0 \\ 0 & -1 \end{pmatrix} = \begin{pmatrix} 5 & -1 \\ 10 & 1 \end{pmatrix}.$$

Il s'ensuit que $\begin{pmatrix} 1 & 2 \\ 4 & 3 \end{pmatrix}$ est diagonalisable dans la base Γ parce qu'elle est semblable à une matrice diagonale à travers la matrice S dont les colonnes sont les vecteurs de Γ comme on l'a vu précédemment.

□

Le prochain théorème généralise ce constat.

THÉORÈME 2.126 (Diagonalisation matricielle). *Si les vecteurs propres de A forment une base Γ de $\mathbb{R}^n$, alors A est diagonalisable. Plus précisément, A est semblable à la matrice diagonale Λ constituée de ses valeurs propres.*

DÉMONSTRATION. Par hypothèse, il existe une base $\Gamma = \{\vec{v}_1, \vec{v}_2, \cdots, \vec{v}_n\}$ de $\mathbb{R}^n$ telle que $A\vec{v}_i = \lambda_i \vec{v}_i,\ 1 \leq i \leq n$.

Posons $S = \begin{pmatrix} \vdots & \vdots & \dots & \vdots \\ \vec{v}_1 & \vec{v}_2 & \dots & \vec{v}_n \\ \vdots & \vdots & \dots & \vdots \end{pmatrix}$. Alors, $AS = S \begin{pmatrix} \lambda_1 & 0 & \dots & 0 \\ 0 & \lambda_2 & \dots & 0 \\ 0 & 0 & \ddots & 0 \\ 0 & \vdots & \dots & \lambda_n \end{pmatrix}$.

Donc, $A = S\Lambda S^{-1}$.

□

Notre souci de diagonaliser une matrice agissant sur un espace vectoriel vient du fait que cela permet de simplifier la complexité géométrique de son action sur l'espace en divisant ce dernier en sous-espaces propres où l'intégralité de la transformation matricielle se délite en simple multiplications scalaires, donc en dilatations. C'est le rêve caché de tout géomètre digne de ce nom, de faire de son mieux pour que l'image de la transformation soit de la forme

$$\mathbb{V} = \lambda_1 \mathbb{E}_1 \oplus \lambda_2 \mathbb{E}_2 \oplus \cdots \lambda_n \mathbb{E}_n \oplus \cdots$$

tout en espérant que la dimension des $\mathbb{E}_i$ serait aussi petite que possible voire même 1. Cette philosophie est réalisée dans ce que, de nos jours, on appelle des *Théories spectrales*, et c'est ce qui explique leur grande applicabilité aux sciences physiques, aux problèmes technologiques et aux sciences de l'ingénieur.

Parfois, un peu d'expérience et de sens critique peut nous aider à déterminer si une matrice admet des valeurs propres en nous référant à ses propriétés géométriques évidentes. Considérons la matrice $\mathcal{R} = \begin{pmatrix} 0 & -1 \\ 1 & 0 \end{pmatrix}$.

Un habitué verra sans difficulté aucune que $\mathcal{R}$ représente une rotation de 90 degrés autour de l'origine d'un plan et ne peut pas stabiliser des lignes droites. En effet, son polynôme caractéristique

$$\mathcal{P}_2(\lambda) = \begin{vmatrix} -\lambda & -1 \\ 1 & -\lambda \end{vmatrix} = \lambda^2 + 1$$

n'a pas de racines réelles. Évidemment, dans la plupart des cas, une analyse beaucoup plus fine est de rigueur.

EXEMPLE 2.127. Essayons de calculer les espaces propres de $\begin{pmatrix} 1 & 0 & 0 \\ 1 & 0 & 0 \\ 1 & 1 & 1 \end{pmatrix}$.

Alors,

$$\mathcal{P}_3(\lambda) = \begin{vmatrix} 1-\lambda & 0 & 0 \\ 1 & -\lambda & 0 \\ 1 & 1 & 1-\lambda \end{vmatrix} = -\lambda(1-\lambda)^2.$$

Les deux valeurs propres sont 0 et 1, cette dernière étant une racine double a une multiplicité algébrique égale à 2.

- $$\begin{pmatrix} 1 & 0 & 0 \\ 1 & 0 & 0 \\ 1 & 1 & 1 \end{pmatrix} \to \begin{pmatrix} 1 & 0 & 0 \\ 0 & 0 & 0 \\ 0 & 1 & 1 \end{pmatrix} \to \begin{pmatrix} 1 & 0 & 0 \\ 0 & 1 & 1 \\ 0 & 0 & 0 \end{pmatrix}$$

La solution du système est $\begin{bmatrix} 0 \\ -z \\ z \end{bmatrix}$. Donc, $\mathbb{E}_0 = \left\langle \begin{bmatrix} 0 \\ -1 \\ 1 \end{bmatrix} \right\rangle$.

•

$$\begin{pmatrix} 0 & 0 & 0 \\ 1 & -1 & 0 \\ 1 & 1 & 0 \end{pmatrix} \rightarrow \begin{pmatrix} 1 & 1 & 0 \\ 1 & -1 & 0 \\ 0 & 0 & 0 \end{pmatrix} \rightarrow L_1 - L_2 \rightarrow \begin{pmatrix} 1 & 1 & 0 \\ 0 & 2 & 0 \\ 0 & 0 & 0 \end{pmatrix}$$

La solution du système est $\begin{bmatrix} 0 \\ 0 \\ z \end{bmatrix}$. Donc, $\mathbb{E}_1 = \left\langle \begin{bmatrix} 0 \\ 0 \\ 1 \end{bmatrix} \right\rangle$.

Les espaces propres ne remplissent pas $\mathbb{R}^3$, la somme directe $\mathbb{E}_0 \oplus \mathbb{E}_1$ est strictement incluse dans $\mathbb{R}^3$. Il y a une perte d'information. Dans beaucoup d'applications pratiques, le savant ou l'ingénieur doit déterminer la nature et les conséquences d'une telle perte en fonction des résultats escomptés. C'est toujours donnant donnant quand on passe de la théorie à la conception.

□

L'exemple précédent illustre une circonstance où la *multiplicité géométrique* de la valeur propre λ, autrement dit $\dim \mathbb{E}_\lambda$, est inférieure à sa multiplicité algébrique en tant que racine polynomiale. Alors, la dimension de la somme directe des sous-espaces sera inférieure à celle de l'espace ambiant.

Les coefficients du polynôme caractéristique de $A = \begin{pmatrix} a & b \\ c & d \end{pmatrix}$ sont des paramètres de A.

$$\mathcal{P}_2(\lambda) = \begin{vmatrix} a-\lambda & b \\ c & d-\lambda \end{vmatrix} = \lambda^2 - (a+d)\lambda + ad - bc = \lambda^2 - \text{ trace}(A)\lambda + \det(A).$$

Si λ_1 et λ_2 sont les deux racines de $\mathcal{P}_2(\lambda)$ alors:

$$\mathcal{P}_2(\lambda) = (\lambda - \lambda_1)(\lambda - \lambda_2) = \lambda^2 - (\lambda_1 + \lambda_2)\lambda + \lambda_1\lambda_2.$$

L'égalité polynomiale implique trace$(A) = \lambda_1 + \lambda_2$ et $\det(A) = \lambda_1\lambda_2$.

Notons qu'en général le terme constant de $\mathcal{P}_n(\lambda)$ est $\mathcal{P}_n(0) = \det(A)$ et que l'on a

$$\mathcal{P}_n(\lambda) = (-\lambda)^n + \underbrace{\left(\sum_{i=1}^{n})a_{ii}\right)}_{\text{trace de } A}(-\lambda)^{n-1} + \cdots + \det(A).$$

Si $\mathcal{P}_n(\lambda) = (\lambda - \lambda_1)(\lambda - \lambda_2)\cdots(\lambda - \lambda_n)$, alors

$$\text{trace}(A) = \sum_{i=1}^{n} \lambda_i \text{ et } \det(A) = \prod_{i=1}^{n} \lambda_i.$$

EXERCICE 2.128. Montrer que si A et B sont deux matrices semblables, alors elles possèdent la même trace et le même déterminant. Donc, ces deux paramètres sont invariants au changement de base. En déduire que A est inversible si et seulement B l'est aussi.

PROPOSITION 2.129. *Soit λ_1 et λ_2 deux valeurs propres d'une matrice A. Si $\lambda_1 \neq \lambda_2$, alors $\mathbb{E}_{\lambda_1} \cap \mathbb{E}_{\lambda_2} = \{\vec{0}\}$.*

DÉMONSTRATION. S'il existe un élément non nul $\vec{v} \in \mathbb{E}_{\lambda_1} \cap \mathbb{E}_{\lambda_2}$, alors

$$A\vec{v} = \lambda_1\vec{v} = \lambda_2\vec{v} \Rightarrow (\lambda_1 - \lambda_2)\vec{v} = \vec{0} \Rightarrow \lambda_1 = \lambda_2.$$

Cette contradiction nous permet de conclure que $\mathbb{E}_{\lambda_1} \cap \mathbb{E}_{\lambda_2} = \{\vec{0}\}$.

□

REMARQUE 2.130. Si toutes les valeurs propres de A sont distinctes et si chacune d'elles possède la même multiplicité algébrique et géométrique, alors on pourra diagonaliser A dans une base vecteurs propres.

EXERCICE 2.131. Diagonaliser les matrices suivantes si possible.

$$A = \begin{pmatrix} 1 & 0 & 0 \\ 1 & 0 & 0 \\ 1 & 0 & 0 \end{pmatrix}, B = \begin{pmatrix} 1 & 1 & 1 \\ 1 & 1 & 1 \\ 1 & 1 & 1 \end{pmatrix}, C = \begin{pmatrix} 0 & 1 & 0 & 0 \\ 0 & 0 & 0 & 0 \\ 0 & 0 & 0 & 1 \\ 0 & 0 & 0 & 0 \end{pmatrix}$$

EXERCICE 2.132. Pour quelles valeurs de x, y et z ces matrices sont-elles diagonalisables?

$$A = \begin{pmatrix} 1 & 0 & 0 \\ x & 2 & 0 \\ y & z & 3 \end{pmatrix}, B = \begin{pmatrix} 1 & x & y \\ 0 & 1 & z \\ 0 & 0 & 1 \end{pmatrix}, C = \begin{pmatrix} x & y \\ y & z \end{pmatrix}, D = \begin{pmatrix} 0 & 1 & 0 \\ 0 & 0 & 1 \\ x & 0 & 0 \end{pmatrix}.$$

2.0.4. Diagonalisation des matrices symétriques. Rappelons qu'une matrice symétrique est par définition sa propre transposée, $A = A^T$. L'une des caractéristiques d'une telle matrice est qu'elle est toujours diagonalisable dans une base orthonormée ou orthonormale $\Gamma = \{\vec{v}_1, \vec{v}_2, \cdots, \vec{v}_n\}$ de $\mathbb{R}^n$ telle que $\vec{v}_i \perp \vec{v}_j \equiv \vec{v}_i \cdot \vec{v}_j = 0 \iff i \neq j$ et $||v_i|| = 1,\ 1 \leq i \leq n$. Dans ce cas, on dit que la matrice

$$S = \begin{pmatrix} \vdots & \vdots & \dots & \vdots \\ \vec{v}_1 & \vec{v}_2 & \dots & \vec{v}_n \\ \vdots & \vdots & \dots & \vdots \end{pmatrix} \text{ est une matrice orthogonale.}$$

La lectrice vérifiera que $R_\theta = \begin{pmatrix} \cos\theta & -\sin\theta & 0 \\ \sin\theta & \cos\theta & 0 \\ 0 & 0 & 1 \end{pmatrix}$ est orthogonale, et que $R_\theta \cdot R_\theta^T = I_3$, c'est-à-dire $R_\theta^T \cdot = R_\theta^{-1}$.

THÉORÈME 2.133. *Si S est orthogonale, alors $S^T = S^{-1}$.*

DÉMONSTRATION. On calcule directement

$$S^T \cdot S = \begin{pmatrix} \dots & \vec{v}_1 & \dots & \dots \\ \dots & \vec{v}_2 & \dots & \dots \\ \dots & \dots & \dots & \dots \\ \dots & \vec{v}_n & \dots & \dots \end{pmatrix} \begin{pmatrix} \vdots & \vdots & \dots & \vdots \\ \vec{v}_1 & \vec{v}_2 & \dots & \vec{v}_n \\ \vdots & \vdots & \dots & \vdots \end{pmatrix} = \begin{pmatrix} 1 & 0 & \dots & 0 \\ 0 & 1 & \dots & 0 \\ 0 & 0 & \ddots & 0 \\ 0 & \vdots & \dots & 1 \end{pmatrix} = I_n.$$

□

Il est parfois nécessaire de transformer une famille libre $\mathfrak{F}$ en une famille orthonormale $\mathfrak{F}'$ telle que $\langle \mathfrak{F} \rangle = \langle \mathfrak{F}' \rangle$ par le *procédé d'orthonormalisation de Gram-Schmidt* qui, en fait, devrait porter le nom de Laplace, le premier à le découvrir en 1816, soit 67 ans avant Gram et 91 ans avant Schmidt.

Procédé de Laplace-Gram-Schmidt

(1) **Donnée:** Famille libre $\mathfrak{F} = \{\vec{v}_1, \vec{v}_2, \cdots \vec{v}_k\} \subset \mathbb{R}^n$

(2) **Résultat:** Famille orthonormale $\mathfrak{F}' = \{\vec{u}_1, \vec{u}_2, \cdots \vec{u}_k\} \subset \mathbb{R}^n$

(a) $\vec{u}_1 = \dfrac{\vec{v}_1}{||\vec{v}_1||}$;

(b) $\vec{v}_2^{\perp} = \vec{v}_2 - proj_{\vec{u}_1}(\vec{v}_2), \qquad \vec{u}_2 = \dfrac{\vec{v}_2^{\perp}}{||\vec{v}_2^{\perp}||}$;

(c) $\vec{v}_3^{\perp} = \vec{v}_3 - (proj_{\vec{u}_1}(\vec{v}_3) + proj_{\vec{u}_2}(\vec{v}_3)), \qquad \vec{u}_3 = \dfrac{\vec{v}_3^{\perp}}{||\vec{v}_3^{\perp}||};$

(d) $\vec{v}_4^{\perp} = \vec{v}_4 - (proj_{\vec{u}_1}(\vec{v}_4) + proj_{\vec{u}_2}(\vec{v}_4) + proj_{\vec{u}_3}(\vec{v}_4)), \qquad \vec{u}_4 = \dfrac{\vec{v}_4^{\perp}}{||\vec{v}_4^{\perp}||};$

$\vdots$

$\vec{v}_k^{\perp} = \vec{v}_k - \sum_{i=1}^{k-1} proj_{\vec{u}_i}(\vec{v}_k), \qquad \vec{u}_k = \dfrac{\vec{v}_k^{\perp}}{||\vec{v}_k^{\perp}||};$

(3) **Terminer**

Remarque 2.134. Il est clair que les projections orthogonales utilisées dans ce procédé aboutissent à une famille orthonormale puisqu'à chaque itération on unitarise $\vec{v}_j^{\perp}$. Pour s'assurer que $\langle \mathfrak{F} \rangle = \langle \mathfrak{F}' \rangle$, il suffit d'observer que

$$\vec{v}_l^{\perp} = \vec{v}_l - \sum_{i=1}^{l-1} proj_{\vec{u}_i}(\vec{v}_l) \Rightarrow \vec{v}_l^{\perp} \in \langle \{\vec{v}_1, \vec{v}_2, \cdots, \vec{v}_l\} \rangle, \ 2 \leq l \leq k.$$

Exemple 2.135. Considérons $\mathfrak{F} = \left\{ \vec{v}_1 = \begin{bmatrix} 1 \\ 0 \\ 1 \end{bmatrix}, \vec{v}_2 = \begin{bmatrix} 1 \\ 1 \\ 1 \end{bmatrix} \right\}$. Pour orthonormaliser $\mathfrak{F}$, on pose

$\vec{u}_1 = \frac{1}{\sqrt{2}} \begin{bmatrix} 1 \\ 0 \\ 1 \end{bmatrix}$, et on calcule

$$\vec{v}_2^{\perp} = \vec{v}_2 - (\vec{v}_2 \cdot \vec{u}_1)\vec{u}_1 = \begin{bmatrix} 1 \\ 1 \\ 1 \end{bmatrix} - \left(\begin{bmatrix} 1 \\ 1 \\ 1 \end{bmatrix} \cdot \frac{1}{\sqrt{2}} \begin{bmatrix} 1 \\ 0 \\ 1 \end{bmatrix} \right) \frac{1}{\sqrt{2}} \begin{bmatrix} 1 \\ 0 \\ 1 \end{bmatrix}$$

$$= \begin{bmatrix} 1 \\ 1 \\ 1 \end{bmatrix} - \frac{2}{\sqrt{2}} \frac{1}{\sqrt{2}} \begin{bmatrix} 1 \\ 0 \\ 1 \end{bmatrix} = \begin{bmatrix} 1 \\ 1 \\ 1 \end{bmatrix} - \begin{bmatrix} 1 \\ 0 \\ 1 \end{bmatrix} = \begin{bmatrix} 0 \\ 1 \\ 0 \end{bmatrix} = \vec{u}_2.$$

Donc, $\mathfrak{F}' = \left\{ \frac{1}{\sqrt{2}} \begin{bmatrix} 1 \\ 0 \\ 1 \end{bmatrix}, \begin{bmatrix} 0 \\ 1 \\ 0 \end{bmatrix} \right\}$.

$\square$

EXERCICE 2.136. Orthonormaliser les familles suivantes:

$$\mathfrak{F} = \left\{ \begin{bmatrix} 1 \\ 2 \end{bmatrix}, \begin{bmatrix} 3 \\ 4 \end{bmatrix} \right\}, \mathfrak{F}_1 = \left\{ \begin{bmatrix} 1 \\ 0 \\ 1 \\ 1 \end{bmatrix}, \begin{bmatrix} 1 \\ 1 \\ 1 \\ 0 \end{bmatrix} \right\}, \mathfrak{F}_2 = \left\{ \begin{bmatrix} 1 \\ 0 \\ 0 \\ 1 \end{bmatrix}, \begin{bmatrix} 1 \\ 1 \\ 1 \\ 1 \end{bmatrix}, \begin{bmatrix} 0 \\ 2 \\ 1 \\ -1 \end{bmatrix} \right\}.$$

EXEMPLE 2.137. Nous allons maintenant illustrer nos précédentes assertions par le biais du calcul des espaces propres de la matrice symétrique:

$$A = \begin{pmatrix} 3 & 2 & 4 \\ 2 & 0 & 2 \\ 4 & 2 & 3 \end{pmatrix} \text{ dont le polynôme caractéristique est}$$

$$\mathcal{P}_3(\lambda) = \begin{vmatrix} 3-\lambda & 2 & 4 \\ 2 & -\lambda & 2 \\ 4 & 2 & 3-\lambda \end{vmatrix} = -\lambda^3 + 6\lambda^2 + 15\lambda + 8.$$

$$= -(\lambda+1)(\lambda+1)(\lambda-8).$$

Les valeurs propres de A sont -1 et 8.

$$\mathbb{E}_{-1} = \operatorname{Ker} \begin{pmatrix} 4 & 2 & 4 \\ 2 & 1 & 2 \\ 4 & 2 & 4 \end{pmatrix} = \operatorname{Ker} \begin{pmatrix} 4 & 2 & 4 \\ 0 & 0 & 0 \\ 0 & 0 & 0 \end{pmatrix} = \begin{bmatrix} -\frac{1}{2}y - z \\ y \\ z \end{bmatrix} = y \begin{bmatrix} -\frac{1}{2} \\ 1 \\ 0 \end{bmatrix} + z \begin{bmatrix} -1 \\ 0 \\ 1 \end{bmatrix}$$

Donc, $\mathbb{E}_{-1} = \left\langle \begin{bmatrix} -1 \\ 2 \\ 0 \end{bmatrix}, \begin{bmatrix} -1 \\ 0 \\ 1 \end{bmatrix} \right\rangle$.

$$\mathbb{E}_8 = \operatorname{Ker} \begin{pmatrix} -5 & 2 & 4 \\ 2 & -8 & 2 \\ 4 & 2 & -5 \end{pmatrix}$$

Ce ne sera pas nécessaire de calculer ce noyau. On peut facilement utiliser le résultat d'un théorème que nous démontrerons plus tard, qui dit que, puisque A est symétrique $\mathbb{E}_{-1}$ est orthogonal à $\mathbb{E}_8$. Donc, pour trouver une base de $\mathbb{E}_8$, nous n'avons qu'à faire le produit vectoriel

$$\begin{bmatrix} -1 \\ 2 \\ 0 \end{bmatrix} \wedge \begin{bmatrix} -1 \\ 0 \\ 1 \end{bmatrix} = \begin{bmatrix} 2 \\ 1 \\ 2 \end{bmatrix}, \text{ puisque } \dim \mathbb{E}_8 = 1.$$

D'ailleurs, le sceptique peut toujours vérifier que

$$A = \begin{pmatrix} 3 & 2 & 4 \\ 2 & 0 & 2 \\ 4 & 2 & 3 \end{pmatrix} \begin{bmatrix} 2 \\ 1 \\ 2 \end{bmatrix} = \begin{bmatrix} 16 \\ 8 \\ 16 \end{bmatrix} = 8 \begin{bmatrix} 2 \\ 1 \\ 2 \end{bmatrix}.$$

Nous savons que A est diagonalisable dans la base de vecteurs propres

$$\Gamma = \left\{ \begin{bmatrix} -1 \\ 2 \\ 0 \end{bmatrix}, \begin{bmatrix} -1 \\ 0 \\ 1 \end{bmatrix}, \begin{bmatrix} 2 \\ 1 \\ 2 \end{bmatrix} \right\},$$

et que $AS = S\Lambda \iff A = S\Lambda S^{-1} \iff S^{-1}AS = \Lambda$. Comme on a vu auparavant

$$S = \begin{pmatrix} -1 & -1 & 2 \\ 2 & 0 & 1 \\ 0 & 1 & 2 \end{pmatrix} \text{ et } \Lambda = \begin{pmatrix} -1 & 0 & 0 \\ 0 & -1 & 0 \\ 0 & 0 & 8 \end{pmatrix}.$$

Cependant, nous pouvons remplacer S par une matrice orthogonale en orthonormalisant Γ via le procédé de Laplace-Gram-Schmidt.

- $\vec{u}_1 = \frac{1}{\sqrt{5}} \begin{bmatrix} -1 \\ 2 \\ 0 \end{bmatrix}$

- $\vec{v}_2^{\perp} = \begin{bmatrix} -1 \\ 0 \\ 1 \end{bmatrix} - \frac{1}{\sqrt{5}} \frac{1}{\sqrt{5}} \begin{bmatrix} -1 \\ 2 \\ 0 \end{bmatrix} = \begin{bmatrix} -\frac{4}{5} \\ -\frac{2}{5} \\ 1 \end{bmatrix} \qquad \vec{u}_2 = \frac{1}{3\sqrt{5}} \begin{bmatrix} -4 \\ -2 \\ 5 \end{bmatrix}$

- $\vec{u}_3 = \frac{1}{3} \begin{bmatrix} 2 \\ 1 \\ 2 \end{bmatrix}$.

Alors, $AP = P\Lambda \iff A = P\Lambda P^T \iff P^T AS = \Lambda$,

$$P = \begin{pmatrix} \vdots & \vdots & \vdots \\ \vec{u}_1 & \vec{u}_2 & \vec{u}_3 \\ \vdots & \vdots & \vdots \end{pmatrix} \text{ est une matrice orthogonale.}$$

□

REMARQUE 2.138. On peut considérer un vecteur $\vec{v} \in \mathbb{R}^n$ comme une matrice à n lignes et une seule colonne. Dans ce cas, le produit scalaire se définit à l'instar du produit matriciel. Ainsi,

$$\vec{u} \cdot \vec{v} = \vec{u}^T \vec{v} = \vec{v}^T \vec{u} = \vec{v} \cdot \vec{u}.$$

PROPOSITION 2.139. *Si le produit AB est défini, alors $(AB)^T = B^T A^T$. Si C est inversible, alors $(C^T)^{-1} = (C^{-1})^T$.*

DÉMONSTRATION. Le coefficient $(ab)^T_{ij}$ de $(AB)^T$ est le coefficient $(ab)_{ji}$ de AB, c'est-à-dire le produit scalaire de la jième ligne de A et de l'ième colonne de B.

Le coefficient $(b^T a^T)ij$ de $B^T A^T$ est le produit scalaire de ième ligne de B^T et de la jième colonne de A^T, c'est-à-dire celui de l'ième colonne de B et de la jième ligne de A.

La commutativité du produit scalaire entraine que $(AB)^T = B^T A^T$.

Par hypothèse et à cause de ce que nous venons de prouver:

$$I = I^T = \left(CC^{-1}\right)^T = \left(C^{-1}\right)^T C^T.$$

L'unicité de l'inverse implique que $(C^T)^{-1} = (C^{-1})^T$.

□

EXERCICE 2.140. Montrer que si A et B sont semblables, A^T et B^T le sont aussi. Vérifier que le déterminant d'une matrice carrée d'ordre 2 ou 3 est égal à celui de sa transposée.

THÉORÈME 2.141. *Soit A une matrice symétrique. Si $\lambda \neq \mu$ sont des valeurs propres de A associées aux vecteurs $\vec{u}$ et $\vec{v}$ respectivement, alors $\vec{u} \cdot \vec{v} = 0$. Autrement dit, les vecteurs propres d'une matrice symétrique attachés à différentes valeurs propres sont orthogonaux.*

DÉMONSTRATION. One note que le produit $u^T A\vec{v}$ est un nombre réel qu'on calculera de deux manières différentes. D'abord,

$$u^T A\vec{v} = u^T(A\vec{v}) = \vec{u}^T(\mu\vec{v}) = \mu\vec{u} \cdot \vec{v};$$

ensuite, par hypothèse et à cause de la proposition précédente,

$$u^T A\vec{v} = u^T A^T \vec{v} = (A\vec{u})^T \vec{v} = (\lambda\vec{u})^T \vec{v} = \lambda\vec{u} \cdot \vec{v}.$$

Il s'ensuit que

$$\mu\vec{u} \cdot \vec{v} = \lambda\vec{u} \cdot \vec{v} \iff (\lambda - \mu)\vec{u} \cdot \vec{v} = 0 \Rightarrow \vec{u}.\vec{v} = 0, \text{ parce que } \lambda \neq \mu.$$

□

DÉFINITION 2.142. Une matrice A est dite *orthogonalement diagonalisable* si elle est diagonalisable dans une base orthonormée, *c'est-à-dire qu'il existe une matrice orthogonale P telle que $P^T AP$ soit diagonale.*

Nous énonçons un théorème important sans preuve. Le lecteur en trouvera une un peu partout sur Internet ou dans des traités d'Algèbre linéaire et d'Analyse fonctionnelle.

THÉORÈME 2.143 (Spectral). *Une matrice A est orthogonalement diagonalisable si et seulement si A est symétrique.*

DÉMONSTRATION. Voir [**B**] Théorème 8.11. □

EXERCICE 2.144. Dans chaque cas, trouver une matrice orthogonale P telle que $P^T AP$ soit diagonale.

$$A = \begin{pmatrix} 6 & 2 \\ 2 & 3 \end{pmatrix}, \ A = \begin{pmatrix} 1 & 1 & 1 \\ 1 & 1 & 1 \\ 1 & 1 & 1 \end{pmatrix}, \ A = \begin{pmatrix} 1 & -2 & 2 \\ -2 & 4 & -4 \\ 2 & -4 & 4 \end{pmatrix}.$$

EXERCICE 2.145. Utiliser le résultat de votre calcul sur la deuxième matrice de l'exercice précédent pour diagonaliser les suivantes orthogonalement.

$$\begin{pmatrix} 2 & 2 & 2 \\ 2 & 2 & 2 \\ 2 & 2 & 2 \end{pmatrix} \text{ et } \begin{pmatrix} 1 & 0 & 1 \\ 1 & 0 & 1 \\ 1 & 0 & 1 \end{pmatrix}.$$

EXERCICE 2.146. Soit $\vec{v} = \begin{bmatrix} 1 \\ 0 \\ -1 \end{bmatrix}$

(1) Trouver la matrice A de la réflexion à travers $\vec{v}$ dans la base canonique de $\mathbb{R}^3$.

(2) Trouver une base Γ de vecteurs propres orthonormés de cette réflexion sans utiliser la matrice A et exprimer la réflexion dans Γ.

EXERCICE 2.147. Si A est inversible et orthogonalement diagonalisable, est-ce que A^{-1} est orthogonalement diagonalisable aussi?

APPLICATIONS LINÉAIRES

Tous les espaces vectoriels abstraits considérés dans cette section, sauf indication contraire, seront de dimensions finies.

DÉFINITION 2.148. Soit $\mathbb{V}$ et $\mathbb{W}$ deux espaces vectoriels définis sur un corps $\mathbb{K}$. Une *application linéaire*, $\Phi : \mathbb{V} \to \mathbb{W}$, est une fonction dotée de ces deux propriétés:

$$\forall \vec{x}, \vec{y} \in \mathbb{V}, \Phi(\vec{x} + \vec{y}) = \Phi(\vec{x}) + \Phi(\vec{y})$$
$$\forall \lambda \in \mathbb{K}, \forall \vec{x} \in \mathbb{V}, \Phi(\lambda \cdot \vec{x}) = \lambda \cdot \Phi(\vec{x}).$$

L'ensemble des applications linéaires de $\mathbb{V}$ vers $\mathbb{W}$ ou des *homomorphismes d'espace vectoriel* de $\mathbb{V}$ vers $\mathbb{W}$ est désigné par $Hom(\mathbb{V}, \mathbb{W})$.

Cette classe de fonctions est la plus naturelle sur ces espaces et donne les morphismes de la catégorie $Vect$. Nous avons déjà vu plusieurs exemples d'applications linéaires: la projection et la réflexion orthogonales, la rotation autour de l'origine, et plus précisément la multiplication d'un vecteur de $\mathbb{R}^n$ par une matrice $A_{m\times n}$ pour obtenir un vecteur de $\mathbb{R}^m$.

On peut maintenant y ajouter l'opérateur différentiel $\mathfrak{D}$ sur l'espace des fonctions différentiables vu que

$$D(f+g) = D(f) + D(g) \text{ et } D(\lambda f) = \lambda D(f).$$

L'intégral de Riemann sur l'espace des fonctions intégrables sur un intervalle $[a, b]$ est aussi un exemple d'application linéaire puisque:

$$\int_a^b (f+g)dx = \int_a^b f dx + \int_a^b g dx \text{ et } \int_a^b \lambda f dx = \lambda \int_a^b f dx.$$

La grande importance des applications linéaires vient du fait qu'on peut s'en servir pour transférer des structures telles que des sous-espaces, par exemple, d'un espace à un autre, ou pour contrôler la permutation de différents sous-espaces.

PROPOSITION 2.149. *Soit* $\mathbb{V}$ *et* $\mathbb{W}$ *deux espaces vectoriels définis sur un corps* $\mathbb{K}$. *L'image de toute application linéaire de* $\mathbb{V}$ *vers* $\mathbb{W}$ *est un sous-espace de* $\mathbb{W}$.

DÉMONSTRATION. Soit $\Phi : \mathbb{V} \to \mathbb{W}$. Nous allons montrer que $\mathrm{Im}(\Phi) \equiv \Phi(\mathbb{V})$ est un sous-espace de $\mathbb{W}$.

(1) $\vec{0} \in \mathrm{Im}(\Phi)$ parce que $\Phi(\vec{0}) = \vec{0}$.
(2) Si $\vec{w}_1, \vec{w}_2 \in \mathrm{Im}(\Phi)$, alors il existe $\vec{v}_1, \vec{v}_2 \in \mathbb{V}$ tels que $\Phi(\vec{v}_1) = \vec{w}_1$ et $\Phi(\vec{v}_2) = \vec{w}_2$. Donc, $\Phi(\vec{v}_1 + \vec{v}_2) = \Phi(\vec{v}_1) + \Phi(\vec{v}_2) = \vec{w}_1 + \vec{w}_2 \in \mathrm{Im}(\Phi)$.
(3) Si $\lambda \in \mathbb{K}, \vec{w} \in \mathrm{Im}(\Phi)$, alors il existe $\vec{v} \in \mathbb{V}$ tel que $\Phi(\vec{v}) = \vec{w}$. Donc, $\Phi(\lambda \cdot \vec{v}) = \lambda \cdot \Phi(\vec{v}) = \lambda \cdot \vec{w} \in \mathrm{Im}(\Phi)$.

□

DÉFINITION 2.150. Le noyau d'une application linéaire $\Phi : \mathbb{V} \to \mathbb{W}$ est l'ensemble:

$$\mathrm{Ker}(\Phi) = \{\vec{x} \in \mathbb{V} : \Phi(\vec{x}) = \vec{0} \in \mathbb{W}\}.$$

PROPOSITION 2.151. *Soit $\mathbb{V}$ et $\mathbb{W}$ deux espaces vectoriels définis sur un corps $\mathbb{K}$. Le noyau de toute application linéaire de $\mathbb{V}$ vers $\mathbb{W}$ est un sous-espace de $\mathbb{V}$.*

DÉMONSTRATION. Soit $\Phi : \mathbb{V} \to \mathbb{W}$. Nous allons montrer que $\mathrm{Ker}(\Phi)$ est un sous-espace de $\mathbb{V}$.

(1) $\vec{0} \in \mathrm{Ker}(\Phi)$ parce que $\Phi(\vec{0}) = \vec{0}$.

(2) Si $\vec{v}_1, \vec{v}_2 \in \mathrm{Ker}(\Phi)$ alors, $\Phi(\vec{v}_1) = \vec{0}$ et $\Phi(\vec{v}_2) = \vec{0}$. Donc, $\Phi(\vec{v}_1 + \vec{v}_2) = \Phi(\vec{v}_1) + \Phi(\vec{v}_2) = \vec{0} + \vec{0} = \vec{0} \Rightarrow \vec{v}_1 + \vec{v}_2 \in \mathrm{Ker}(\Phi)$.

(3) Si $\lambda \in \mathbb{K}, \vec{v} \in \mathrm{Ker}(\Phi)$, alors $\Phi(\lambda \cdot \vec{v}) = \lambda \cdot \Phi(\vec{v}) = \lambda \cdot \vec{0} = \vec{0} \Rightarrow \lambda \cdot \vec{v} \in \mathrm{Ker}(\Phi)$.

□

EXERCICE 2.152. Soit $\mathbb{V}$ et $\mathbb{W}$ deux espaces vectoriels définis sur un corps $\mathbb{K}$. Montrer que $Hom(\mathbb{V}, \mathbb{W})$ est un espace vectoriel sur $\mathbb{K}$.

Le prochain théorème établit une connexion directe et extrêmement importante entre la théorie des applications linéaires et celle des matrices que nous venons de développer. Elle facilite le calcul sur les espaces vectoriels.

THÉORÈME 2.153. *Soit $\mathbb{V}$ et $\mathbb{W}$ deux espaces vectoriels définis sur un corps $\mathbb{K}$. Fixons deux bases $\Gamma_{\mathbb{V}} = \{\vec{v}_1, \vec{v}_2, \cdots, \vec{v}_n\}$ de $\mathbb{V}$ et $\Gamma_{\mathbb{W}} = \{\vec{w}_1, \vec{w}_2, \cdots, \vec{w}_m\}$ de $\mathbb{W}$. Alors, tout homomorphisme $\Phi \in Hom(\mathbb{V}, \mathbb{W})$ peut être représenté par une matrice de m lignes et de n colonnes.*

DÉMONSTRATION. Soit $\vec{v} \in \mathbb{V}$. Nous savons que $\vec{v}$ se décompose de manière unique dans $\Gamma_{\mathbb{V}}$ et idem pour son image $\Phi(\vec{v})$ dans $\Gamma_{\mathbb{W}}$.
Posons $\vec{v} = a_1\vec{v}_1 + a_2\vec{v}_2 + \cdots + a_n\vec{v}_n$. Alors, l'image $\Phi(\vec{v}_i)$ de chaque vecteur $\vec{v}_i$ s'écrit

$$\Phi(\vec{v}_i) = \sum_{j=1}^{m} b_{ij}\vec{w}_j.$$

Donc,

$$\Phi(\vec{v}) = a_1[\Phi(\vec{v}_1)]_{\Gamma_{\mathbb{W}}} + a_2[\Phi(\vec{v}_2)]_{\Gamma_{\mathbb{W}}} + \cdots a_n[\Phi(\vec{v}_n)]_{\Gamma_{\mathbb{W}}}$$

$$= \begin{pmatrix} \vdots & \vdots & \vdots & \vdots \\ [\Phi(\vec{v}_1)]_{\Gamma_{\mathbb{W}}} & [\Phi(\vec{v}_2)]_{\Gamma_{\mathbb{W}}} & \vdots & [\Phi(\vec{v}_n)]_{\Gamma_{\mathbb{W}}} \\ \vdots & \vdots & \vdots & \vdots \end{pmatrix} [\vec{v}]_{\Gamma_{\mathbb{V}}}, \text{ ici } [\vec{v}]_{\Gamma_{\mathbb{V}}} = \begin{bmatrix} a_1 \\ a_2 \\ \vdots \\ a_n \end{bmatrix}.$$

□

EXERCICE 2.154. Soit $\mathbb{V}$ et $\mathbb{W}$ deux espaces vectoriels définis sur un corps $\mathbb{K}$. Si $\Phi, \Psi \in Hom(\mathbb{V}, \mathbb{W})$, A et B les matrices représentant Φ et Ψ respectivement dans deux base données, montrer que $\Phi + \Psi$ est représenté par $A + B$.

Si Ψ est surjective et $\Theta \in Hom(\mathbb{W}, \mathbb{U})$ est représenté par une matrice C dans deux bases données, montrer que $\Theta \circ \Psi$ est représenté par $C \cdot B$.

EXERCICE 2.155. Soit $\Phi : \mathbb{R}^2 \to \mathbb{R}^3$ et $\Psi : \mathbb{R}^3 \to \mathbb{R}^2$ définis par

$$\Phi(x, y) = (x + y, x - y, 2x + 3y) \text{ et } \Psi(x, y, z) = (x - y - z, 2x + 3y - z).$$

(1) Montrer que Φ et Ψ sont des applications linéaires.
(2) Calculer les matrices de $\Phi \circ \Psi$ et de $\Psi \circ \Phi$. En déduire $(\Phi \circ \Psi)(x, y, z)$ et $(\Psi \circ \Phi)(x, y)$.
(3) Déterminer si $\Phi \circ \Psi$ ou $\Psi \circ \Phi$ est inversible et calculer l'inverse le cas échéant.

Nous avons déjà vu que pour une matrice A, considérée comme une application linéaire de $\mathbb{R}^n$ vers $\mathbb{R}^m$, $n = \dim \mathrm{Ker}(A) + \dim \mathrm{Im}(A)$ puisque les colonnes qui ont un pivot forment une base de $\mathrm{Im}(A)$ et celles qui n'en ont pas donnent le nombre de variables libres dans le système $A\vec{x} = \vec{0}$, donc la dimension du noyau de A. Cette assertion demeure vraie dans le cas des applications linéaires en général.

THÉORÈME 2.156 (Théorème du rang). *Soit $\mathbb{V}$ et $\mathbb{W}$ deux espaces vectoriels définis sur un corps $\mathbb{K}$. Si $\Phi \in Hom(\mathbb{V}, \mathbb{W})$, alors*

$$\dim \mathbb{V} = \dim Ker(\Phi) + \dim \Phi(\mathbb{V}).$$

DÉMONSTRATION. Supposer que $\{v_1, \vec{v}_2, \cdots, \vec{v}_k\}$ soit une base de $\mathrm{Ker}(\Phi)$ qu'on complète pour obtenir une base $\Gamma = \{v_1, \vec{v}_2, \cdots, \vec{v}_k, \vec{u}_1, \cdots, \vec{u}_l\}$ dc $\mathbb{V}$. Il s'ensuit que $\dim \mathbb{V} = k + l$.

Considérons la famille $\Delta = \{\Phi(\vec{u}_1), \cdots, \Phi(\vec{u}_l)\}$. Nous allons montrer que Δ est une base de $\Phi(\mathbb{V})$. Par définition $\langle \Delta \rangle \subseteq \Phi(\mathbb{V})$. Pour montrer que Δ est une famille libre, nous supposons que

$$\sum_{i=1}^{l} c_i \Phi(\vec{u}_i) = \Phi\left(\sum_{i=1}^{l} c_i \vec{u}_i\right) = \vec{0}.$$

Alors,

$$\sum_{i=1}^{l} c_i \vec{u}_i \in \mathrm{Ker}(\Phi) \Rightarrow \sum_{i=1}^{l} c_i \vec{u}_i = \sum_{j=1}^{k} d_j \vec{v}_j \iff \sum_{i=1}^{l} c_i \vec{u}_i + \sum_{j=1}^{k} (-d_j) \vec{v}_j = \vec{0}.$$

Donc, tous les coefficients c_i et d_j sont nuls parce que Γ est une base. Il s'en suit que Δ est une famille libre dans $\Phi(\mathbb{V})$. Si $\vec{w} \in \Phi(\mathbb{V})$, alors $\exists \vec{v} \in \mathbb{V}$ tel que

$$\vec{w} = \Phi(\vec{v}) = \Phi\left(\sum_{i=1}^{k} a_i \vec{v}_i\right) + \Phi\left(\sum_{j=1}^{l} b_j \vec{u}_j\right) = \vec{0} + \Phi\left(\sum_{j=1}^{l} b_j \vec{u}_j\right) = \sum_{j=1}^{l} b_j \Phi(\vec{u}_j).$$

Ce qui signifie que $\Phi(\mathbb{V}) \subseteq \langle \Delta \rangle$.

En conclusion, $\langle \Delta \rangle = \Phi(\mathbb{V})$, Δ est une base $\Phi(\mathbb{V})$ et $\dim \Phi(\mathbb{V}) = l$. Nous avons donc démontré que $\dim \mathbb{V} = k + l = \dim \mathrm{Ker}(\Phi) + \dim \Phi(\mathbb{V})$.

□

Exercice 2.157. Soit $\Phi : \mathbb{R}^3 \to \mathbb{R}^3$ définie par

$$\Phi(x, y, z) = (x + y - z, x + y + z, x - y - z).$$

(1) Montrer que Φ est une application linéaire.
(2) Trouver la matrice A de Φ dans la base canonique de $\mathbb{R}^3$.
(3) Utiliser A pour donner une base pour $\mathrm{Ker}(\Phi)$ et pour $\mathrm{Im}(\Phi)$.

Exercice 2.158. Soit $\Phi : \mathbb{R}3 \to \mathbb{R}^4$ définie par

$$\Phi(x, y, z) = (-x + y, x - y, x + z, y - z).$$

(1) Montrer que Φ est une application linéaire.
(2) Trouver la matrice A de Φ dans les bases canoniques de $\mathbb{R}^3$ et de $\mathbb{R}^4$.
(3) Utiliser A pour donner une base pour $\mathrm{Ker}(\Phi)$ et pour $\mathrm{Im}(\Phi)$.
(4) Désigner la base canonique de $\mathbb{R}^3$ par $\vec{e}_1, \vec{e}_2, \vec{e}_3$ et celle de $\mathbb{R}^4$ par $\vec{f}_1, \vec{f}_2, \vec{f}_3, \vec{f}_4$. Déterminer si $\Gamma = \{\vec{f}_1, \vec{f}_2, \Phi(\vec{e}_1), \Phi(\vec{e}_2)\}$ est une base de $\mathbb{R}^4$.
(5) Si Γ est une base de $\mathbb{R}^4$, trouver la matrice de Φ dans la base canonique de $\mathbb{R}^3$ et Γ.

Puisque $\dim \mathbb{V} = \dim \mathrm{Ker}(\Phi) + \dim \Phi(\mathbb{V})$, nécessairement

$$\dim \mathrm{Ker}(\Phi) \leq \dim \mathbb{V} \text{ et } \dim \Phi(\mathbb{V}) \leq \dim \mathbb{V}.$$

Il est aussi clair que Φ est surjective si et seulement si $\dim \Phi(\mathbb{V}) = \dim \mathbb{W}$ et que Φ est injective si et seulement si $\dim \mathrm{Ker}(\Phi) = 0 \iff \mathrm{Ker}(\Phi) = \{\vec{0}\}$, parce que, d'une part si $\mathrm{Ker}(\Phi) = \{\vec{0}\}$, alors

$$\dim \mathbb{V} = \dim \Phi(\mathbb{V}),$$

c'est-à-dire $\mathbb{V} \simeq \Phi(\mathbb{V})$ et Φ est injective. De l'autre, si $\dim \mathbb{V} = \dim \Phi(\mathbb{V})$, alors $\dim \mathrm{Ker}(\Phi) = 0$ c'est-à-dire $\mathrm{Ker}(\Phi) = \{\vec{0}\}$.

DÉFINITION 2.159. Soit $\mathbb{V}$ et $\mathbb{W}$ deux espaces vectoriels définis sur un corps $\mathbb{K}$. Si $\Phi \in Hom(\mathbb{V}, \mathbb{W})$ et Φ est bijective, alors on dit que Φ est un *isomorphisme* et que $\mathbb{V}$ et $\mathbb{W}$ sont *isomorphiques*.

COROLLAIRE 2.160. *Soit* $\mathbb{V}$ *et* $\mathbb{W}$ *deux espaces vectoriels définis sur un corps* $\mathbb{K}$ *tels que* $\dim \mathbb{V} = m$ *et* $\dim \mathbb{W} = n$. *Alors,*

(1) *II n'existe pa d'injection de* $\mathbb{V}$ *vers* $\mathbb{W}$ *si* $m > n$.
(2) *II n'existe pa de surjection de* $\mathbb{V}$ *vers* $\mathbb{W}$ *si* $m < n$.
(3) *Il y a un isomorphisme entre* $\mathbb{V}$ *et* $\mathbb{W}$ *si et seulement si* $m = n$.

DÉMONSTRATION. Si $\Phi \in Hom(\mathbb{V}, \mathbb{W})$ est injective, alors $\dim \mathrm{Ker}(\Phi) = 0$ et $\dim \Phi(\mathbb{V}) = \dim \mathbb{V} = m$. Puisque $\Phi(\mathbb{V}) \subseteq \mathbb{W}$, $\dim \Phi(\mathbb{V}) \leq \dim \mathbb{W}$, donc $m \leq n$.

Si l'application linéaire $\Phi \in Hom(\mathbb{V}, \mathbb{W})$ est surjective alors $\dim \Phi(\mathbb{V}) = \dim \mathbb{W}$ et $\dim \mathbb{W} + \dim \mathrm{Ker}(\Phi) = \dim \mathbb{V} = m$. Donc, $m - n = \dim \mathrm{Ker}(\Phi) \geq 0$ donnant $m \geq n$.

Si l'application linéaire $\Phi \in Hom(\mathbb{V}, \mathbb{W})$ est bijective, alors elle est injective et surjective donc nécessairement $m = n$ d'après les deux arguments précédents. Si $m = n$, considérons deux bases $\{\vec{v}_1, \vec{v}_2, \cdots, \vec{v}_n\}$ et $\{\vec{w}_1, \vec{w}_2, \cdots, \vec{w}_n\}$ de $\mathbb{V}$ et de $\mathbb{W}$ respectivement. Alors, l'application linéaire $\Psi : \mathbb{V} \to \mathbb{W}$ telle que $\Psi(\vec{v}_i) = \vec{w}_i$, $1 \leq i \leq n$, est un isomorphisme, puisque la matrice de Ψ dans ces deux bases est I_n, la matrice de l'identité.

□

Une des activités les plus importantes des chercheuses et chercheurs en mathématique est de trouver des isomorphismes entre des espaces a priori différents afin de pouvoir transférer les résultats de certains calculs d'un espace à l'autre, permettant ainsi une meilleure compréhension de certaines propriétés singulières des objets d'étude. Les prochains théorèmes sur des espaces quotients facilitent leur tâche.

THÉORÈME 2.161 (Isomorphisme). *Soit* $\mathbb{V}$ *et* $\mathbb{W}$ *deux espaces vectoriels définis sur un corps* $\mathbb{K}$. *Si* $\Phi \in Hom(\mathbb{V}, \mathbb{W})$, *alors la fonction*

$$\overline{\Phi} : \mathbb{V}/Ker(\Phi) \to \Phi(\mathbb{V}) \text{ telle que } \overline{\Phi}(\vec{v} + \mathbb{W}) = \Phi(\vec{v})$$

est un isomorphisme.

DÉMONSTRATION. Pour commencer, nous montrons que $\overline{\Phi}$ est une application linéaire sur les classes d'équivalence. D'abord, si $\vec{v}_1 \equiv \vec{v}_2$, c'est-à-dire si $\vec{v}_1 + \mathrm{Ker}(\Phi) = \vec{v}_2 + \mathrm{Ker}(\Phi)$, alors

$$\vec{v}_1 - \vec{v}_2 \in \mathrm{Ker}(\Phi) \Rightarrow \Phi(\vec{v}_1 - \vec{v}_2) = \Phi(\vec{v}_1) - \Phi(\vec{v}_2) = \vec{0} \Rightarrow \Phi(\vec{v}_1) = \Phi(\vec{v}_2).$$

La dernière égalité implique $\overline{\Phi}(\vec{v}_1 + \mathrm{Ker}(\Phi)) = \bar{\Phi}(\vec{v}_2 + \mathrm{Ker}(\Phi))$ et que $\overline{\Phi}$ est bien définie sur l'espace quotient. Ensuite, la linéarité de $\overline{\Phi}$ s'obtient immédiatement de celle de Φ.

La surjection de $\overline{\Phi}$ vient directement de sa définition. Il nous reste seulement à démontrer que $\overline{\Phi}$ est injective c'est-à-dire que $\mathrm{Ker}(\overline{\Phi}) = \{\bar{\vec{0}}\}$.
Supposons $\vec{v}+\mathrm{Ker}(\Phi) \in \mathrm{Ker}(\overline{\Phi})$. Alors $\overline{\Phi}(v+\mathrm{Ker}(\Phi)) = \Phi(\vec{v}) = \vec{0}$; Il s'ensuit que $\vec{v} \in \mathrm{Ker}(\Phi)$ autrement dit $\vec{v}$ est dans la classe de $\vec{0}$ qui est en fait $\mathrm{Ker}(\Phi)$.

$$\begin{array}{ccc} \mathbb{V} & \xrightarrow{\ \Phi\ } & \Phi(\mathbb{V}) \\ & \searrow & \big\downarrow \overline{\Phi}^{-1} \\ & & \mathbb{V}/\mathrm{Ker}(\Phi) \end{array}$$

□

REMARQUE 2.162. Noter que ce dernier théorème donne une autre preuve du Théorème du rang puisque
$\dim \mathbb{V}/\mathrm{Ker}(\Phi) = \dim \mathbb{V} - \dim \mathrm{Ker}(\Phi) = \dim(\Phi(\mathbb{V}))$ grâce à l'isomorphisme $\overline{\Phi}$.

DÉFINITION 2.163. Un élément de $Hom(\mathbb{V}, \mathbb{V})$ est un *endomorphisme* de $\mathbb{V}$ et $Hom(\mathbb{V}, \mathbb{V})$ est dénoté par $End(\mathbb{V})$. Un endomorphisme bijectif est un *automorphisme.*

EXERCICE 2.164. On définit un endomorphisme $\Phi : \mathbb{R}^3 \to \mathbb{R}^3$ tel que:

$$\Phi(\vec{e}_1) = 2\vec{e}_1 - 2\vec{e}_2, \Phi(\vec{e}_1) = -3\vec{e}_2, \Phi(\vec{e}_1) = \Phi(\vec{e}_3) = 4\vec{e}_1 - 4\vec{e}_3.$$

(1) Ecrire la matrice de Φ dans la base canonique.
(2) Déterminer une base de $\mathrm{Ker}(\Phi)$. Φ est-il injectif ou surjectif?
(3) Montrer que $\mathbb{R}^3 = \mathrm{Ker}(\Phi) \oplus \mathrm{Im}(\Phi)$.
(4) Donner une base de $\mathbb{R}^3/\mathrm{Ker}(\Phi)$.
(5) Peut-on dire quelque chose au sujet de $\mathbb{R}^3/\mathrm{Im}(\Phi)$?

REMARQUE 2.165. **Puisque les matrices carrées semblables ont les mêmes valeurs propres et le même rang, nous pouvons parler de la trace, du déterminant, des valeurs propres et du rang d'un endomorphisme Φ. Ces paramètres sont invariants aux changements de bases. La transposée d'un endomorphisme T est l'endomorphisme**

dont la matrice est la transposée de celle de T. La transposée d'un endomorphisme est bien défini parce que si deux matrices sont semblables, leurs transposées le sont aussi, car une matrice carrée est semblable à sa transposée.

Isométries Vectorielles

Les fonctions qui conservent les longueurs sont appelées des *isométries.* Dans ce cours, une *isométrie vectorielle* sera un automorphisme de $\mathbb{R}^n$ conservant les longueurs.

EXEMPLE 2.166. Dans le plan, les rotations centrées à l'origine sont des isométries vectorielles parce qu'elles conservent la longueur de tout vecteur. Si $\vec{x} = \begin{bmatrix} x \\ y \end{bmatrix}$, alors $||\vec{x}||^2 = x^2 + y^2$. L'image de $\vec{x}$ par la rotation d'un angle θ est:

$$\begin{pmatrix} \cos\theta & -\sin\theta \\ \sin\theta & \cos\theta \end{pmatrix} \begin{bmatrix} x \\ y \end{bmatrix} = \begin{bmatrix} x\cos\theta - y\sin\theta \\ x\cos\theta + y\sin\theta \end{bmatrix}$$

dont le carré de la longueur est

$$(x\cos\theta - y\sin\theta)^2 + (x\cos\theta + y\sin\theta)^2 = x^2 + y^2.$$

□

EXEMPLE 2.167. Dans le plan, la réflexion à travers une ligne L passant par l'origine est isométrie vectorielle. Si $\vec{x} = \begin{bmatrix} x \\ y \end{bmatrix}$, alors en supposant que le vecteur directeur de L soit $\vec{u} = \begin{bmatrix} s \\ t \end{bmatrix}$. L'image de $\vec{x}$ par la réflexion à travers L est:

$$\begin{pmatrix} 2s^2 - 1 & 2st \\ 2st & 2t^2 - 1 \end{pmatrix} \begin{bmatrix} x \\ y \end{bmatrix} = \begin{bmatrix} (2s^2 - 1)x + 2sty \\ 2stx + (2t^2 - 1)y \end{bmatrix}$$

dont le carré de la longueur, puisque $s^2 + t^2 = 1$, est

$$((2s^2 - 1)x + 2sty)^2 + (2stx + (2t^2 - 1)y)^2 = x^2 + y^2.$$

□

PROPOSITION 2.168. *Les isométries vectorielles de $\mathbb{R}^n$ conservent le produit scalaire.*

DÉMONSTRATION. Soit Θ une isométrie vectorielle sur $\mathbb{R}^n$. Si $\vec{u}$ et $\vec{v}$ sont des vecteurs de $\mathbb{R}^n$, alors il nous faut démontrer que $\Theta(\vec{u})\cdot\Theta(\vec{v}) = \vec{u}\cdot\vec{v}$. Mais

$$\begin{aligned}
||\Theta(\vec{u}) - \Theta(\vec{v})||^2 &= (\Theta(\vec{u}) - \Theta(\vec{v}))\cdot(\Theta(\vec{u}) - \Theta(\vec{v}))\\
&= \Theta(\vec{u})\cdot\Theta(\vec{u}) + \Theta(\vec{v})\cdot\Theta(\vec{v}) - 2(\Theta(\vec{u})\cdot\Theta(\vec{v}))\\
&= ||\Theta(\vec{u})||^2 + ||\Theta(\vec{v})||^2 - 2(\Theta(\vec{u})\cdot\Theta(\vec{v}))\\
&= ||\vec{u}||^2 + ||\vec{v}||^2 - 2(\Theta(\vec{u})\cdot\Theta(\vec{v}))[\Theta \text{ est une isométrie}]
\end{aligned}$$

et en même temps

$$\begin{aligned}
||\Theta(\vec{u}) - \Theta(\vec{v})||^2 &= ||\Theta(\vec{u} - \vec{v})||^2 = ||\vec{u} - \vec{v}||^2 = (\vec{u} - \vec{v})\cdot(u - \vec{v})\\
&= \vec{u}.\cdot u + \vec{v}\cdot\vec{v} - 2u\cdot\vec{v}\\
&= ||\vec{u}||^2 + ||\vec{v}||^2 - 2\vec{u}\cdot\vec{v}.
\end{aligned}$$

En comparant les deux expressions de $||\Theta(\vec{u}) - \Theta(\vec{v})||^2$, on voit clairement que $\Theta(\vec{u})\cdot\Theta(\vec{v}) = \vec{u}\cdot\vec{v}$.

□

REMARQUE 2.169. La dernière proposition implique la conservation d'angle, donc de l'orthogonalité, parce que si α est l'angle des vecteurs $\vec{u}$ et $\vec{v}$ et β celui de leurs images $\Theta(\vec{u})$ et $\Theta(\vec{v})$, alors

$$\cos\alpha = \frac{\vec{u}\cdot\vec{v}}{||\vec{u}||||\vec{v}||} = \frac{\Theta(\vec{u})\cdot\Theta(\vec{v})}{||\Theta(\vec{u})||||\Theta(\vec{v})||} = \cos\beta.$$

THÉORÈME 2.170. *Dans $\mathbb{R}^n$, la matrice d'une isométrie vectorielle est orthogonale et toute matrice orthogonale est une isométrie vectorielle.*

DÉMONSTRATION. Toute base de $\mathbb{R}^n$ peut être orthonormalisée par le biais du procédé de Laplace-Gram-Schmidt. Donc, sans restreindre la généralité, nous pouvons supposer que $\Gamma = \{\vec{v}_1, \vec{v}_2, \cdots, \vec{v}_n\}$ soit une base orthonormée. Si Θ est une isométrie dans $\mathbb{R}^n$, alors sa matrice T dans la base Γ a pour colonnes les vecteurs $\{\Theta(\vec{v}_1), \Theta(\vec{v}_2), \cdots, \Theta(\vec{v}_n)\}$ soumises aux contraintes:

$$||\Theta(\vec{v}_i)|| = ||\vec{v}_i|| = 1 \text{ et } \Theta(\vec{v}_i)\cdot\Theta(\vec{v}_j) = \vec{v}_i\cdot\vec{v}_j = 0 \iff i \neq j,\ 1 \leq i, j \leq n.$$

Il s'ensuit que T est une matrice orthogonale.

Inversement, si T est une matrice orthogonale d'ordre n, alors ses colonnes $T(\vec{e}_1), T(\vec{e}_2)\cdots, T(\vec{e}_n)$ sont orthonormales; si $\vec{x} = x_1\vec{e}_1 + \vec{x}_2\vec{e}_2 + \cdots + x_n\vec{e}_n$ dans $\mathbb{R}^n$ on calcule

$$\begin{aligned}||T(\vec{x})||^2 &= ||T(\vec{x}_1\vec{e}_1 + \vec{x}_2\vec{e}_2 + \cdots + x_n\vec{e}_n)||^2\\ &= ||x_1T(\vec{e}_1) + \vec{x}_2\mathbb{T}(e_2) + \cdots + x_nT(\vec{e}_n)||^2\\ &= ||x_1T(\vec{e}_1)||^2 + ||\vec{x}_2T(e_2)|^2 + \cdots + ||x_nT(\vec{e}_n)||^2[\text{orthogonalité }]\\ &= x_1^2||T(\vec{e}_1)||^2 + \vec{x}_2^2||T(e_2)|^2 + \cdots + x_n^2||T(\vec{e}_n)||^2\\ &= x_1^2 + \vec{x}_2^2 + \cdots + x_n^2\\ &= ||\vec{x}||^2.\end{aligned}$$

□

REMARQUE 2.171. Le théorème précédent justifie le fait qu'une isométrie vectorielle soit appelée un *automorphisme orthogonal* en notant, bien sûr, que toute isométrie vectorielle est inversible, vu que sa matrice orthogonale l'est aussi comme nous l'avons démontré au Théorème 2.133.

PROPOSITION 2.172. *La composition de deux isométries vectorielles est une isométrique vectorielle. L'inverse d'une isométrie vectorielle est aussi une isométrie vectorielle.*

DÉMONSTRATION. Soit T_1 et T_2 deux automorphismes orthogonaux de $\mathbb{R}^n$. Alors

$$\forall \vec{x} \in \mathbb{R}^n,\ ||(T_1 \circ T_2)(\vec{x})|| = ||T_1(T_2(\vec{x}))|| = ||T_2(\vec{x})|| = ||\vec{x}||,$$

et

$$||\vec{x}|| = ||I(\vec{x})|| = ||(T \circ T^{-1})(\vec{x})|| = ||T(T^{-1}(\vec{x}))|| = ||T^{-1}(\vec{x})||.$$

□

REMARQUE 2.173. On voit donc que l'ensemble des isométries vectorielles ou des automorphismes orthogonaux muni de la multiplication matricielle forme un groupe $\mathcal{O}(n)$. Si $T \in \mathcal{O}(n)$, alors

$$1 = \det(T \circ T^{-1}) = \det(T \circ T^T) = \det T \det T^T = (\det T)^2.$$

Donc, $\det T = \pm 1$.

L'ensenble des automorphismes de $\mathcal{SO}_n \subset \mathcal{O}(n)$ dont le déterminant est égal à 1 est un *groupe* puisque $I_n \in \mathcal{SO}_n$, $T \in \mathcal{SO}_n \Rightarrow T^{-1} \in \mathcal{SO}_n$ et si T_1, T_2, et T_3 sont des éléments de $\mathcal{SO}_n$ alors

(1) $T_1 \circ T_2 \in \mathcal{SO}_n$
(2) $(T_1, \circ T_2) \circ T_3 = T_1 \circ (T_2 \circ T_3)$.

$\mathcal{SO}_n$ est le groupe des rotations de $\mathbb{R}^n$. Les éléments de son complément $\mathcal{O}(n) \setminus \mathcal{SO}_n$ sont les réflexions de $\mathbb{R}^n$. Montrer que cet ensemble n'est pas un sous-groupe de $\mathcal{O}_n$.

Exercice 2.174. Soit $\mathbb{V}$ un sous-espace de $\mathbb{R}^n$ et $\{\vec{v}_1, \vec{v}_2, \cdots, \vec{v}_m\}$ une base orthonormée de $\mathbb{V}$. Montrer que la projection orthogonale d'un vecteur $\vec{x} \in \mathbb{R}^n$ sur $\mathbb{V}$ est

$$P_{\mathbb{V}}(\vec{x}) = \sum_{i=1}^{m} (\vec{v}_i \cdot \vec{x})\vec{v}_i.$$

et que la matrice de $P_{\mathbb{V}}$ est

$$\begin{pmatrix} \vdots & & \vdots \\ \vec{v}_1 & \dots & \vec{v}_m \\ \vdots & & \vdots \end{pmatrix} \begin{pmatrix} \vdots & & \vdots \\ \vec{v}_1 & \dots & \vec{v}_m \\ \vdots & & \vdots \end{pmatrix}^T = QQ^T.$$

Trouver la matrice de projection orthogonale sur le sous-espace:

$$\left\langle \frac{1}{2}\begin{bmatrix} 1 \\ 1 \\ 1 \\ 1 \end{bmatrix}, \frac{1}{2}\begin{bmatrix} -1 \\ 1 \\ 1 \\ -1 \end{bmatrix} \right\rangle \text{ de } \mathbb{R}^4$$

Exercice 2.175. Trouver toutes les matrices orthogonales d'ordre 2.

Exercice 2.176. Trouver toutes les matrices orthogonales de la forme

$$\begin{pmatrix} a & b & 1 \\ c & d & 0 \\ e & f & 0 \end{pmatrix}.$$

Exercice 2.177. Existe-il une isométrie vectorielle T telle que

$$T\begin{bmatrix} 1 \\ 2 \\ 0 \end{bmatrix} = \begin{bmatrix} 2 \\ 0 \\ 1 \end{bmatrix} \text{ et } T\begin{bmatrix} -2 \\ 1 \\ 0 \end{bmatrix} = \begin{bmatrix} 1 \\ -2 \\ 0 \end{bmatrix}?$$

Exercice 2.178. Trouver une formule pour décrire la matrice de la réflexion orthogonale à travers la droite engendrée par le vecteur $\begin{bmatrix} 1 \\ 1 \\ \vdots \\ 1 \end{bmatrix}$ de $\mathbb{R}^n$.

MODULE 3

Les Coniques

Alfred Gérard Noël

University of Massachusetts Boston
USA.

Nous suivons les traces du Grec Apollonius de Perge, 262 - 190 avant J.-C., illustre successeur d'Archimède et d'Euclide, qui, avec eux, forme le plus célèbre triumvirat de la mathématique hellénistique. Son oeuvre majeure semble être le traité des *Coniques* apparu originellement en huit tomes et parvenu jusqu'à nous grâce au mathématicien Eutocius d'Ascalon, VIe siècle après J.-C. Appolonius développa une théorie géométrique des courbes non dégénérées obtenues en coupant un double cône circulaire par un plan, Figure 4.0.1. Elles sont de trois types, l'ellipse (défaut), l'hyperbole (excès) et la parabole (application), communément appelées *sections coniques.* Ces mots entre parenthèses se réfèrent à la technique de «l'application des aires» utilisée pour exprimer les caractéristiques de ces courbes.[1]

Quand on coupe un cône circulaire par un plan perpendiculaire à son axe de rotation, la courbe obtenue est une particulière ellipse, un cercle,

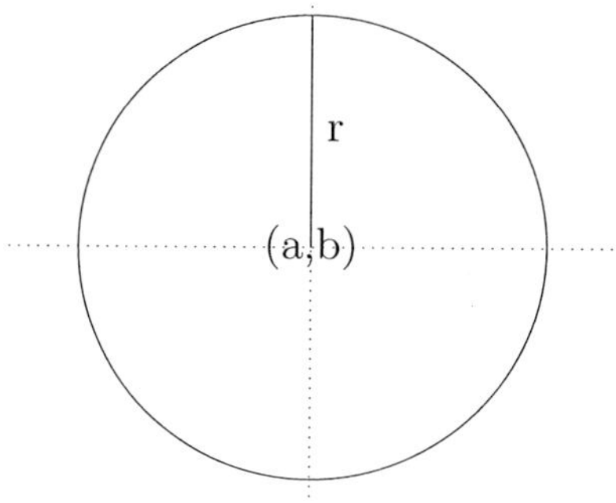

dont l'équation cartésienne selon le théorème de Pythagore est

$$(x-a)^2 + (y-b)^2 = r^2.$$

[1]Micheline Decorps-Foulquier Apollonius et le traité des coniques CNRS Images Des Mathématiques, 26 avril 2015

FIGURE 3.0.1. Sections coniques

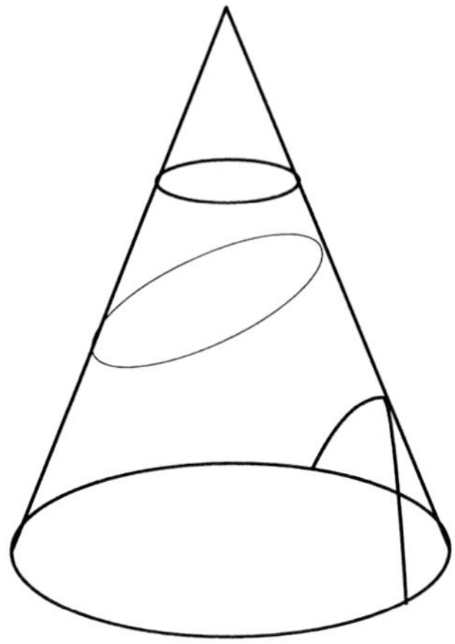

Le point (a, b) est le centre du cercle et r son rayon. Lorsque le cercle est centré à l'origine, on obtient l'équation canonique:

$$x^2 + y^2 = r^2, \text{ paramétrée par } (x, y) = (r\cos t, r\sin t),\ 0 \leq t < 2\pi.$$

Selon la position du plan «sécateur» et si l'on ne tient compte que des courbes non dégénérées, seulement ces trois résultats sont possibles:

(1) **l'ellipse** dont l'équation cartésienne est

$$\frac{(x - x_0)^2}{a^2} + \frac{(y - y_0)^2}{b^2} = 1.$$

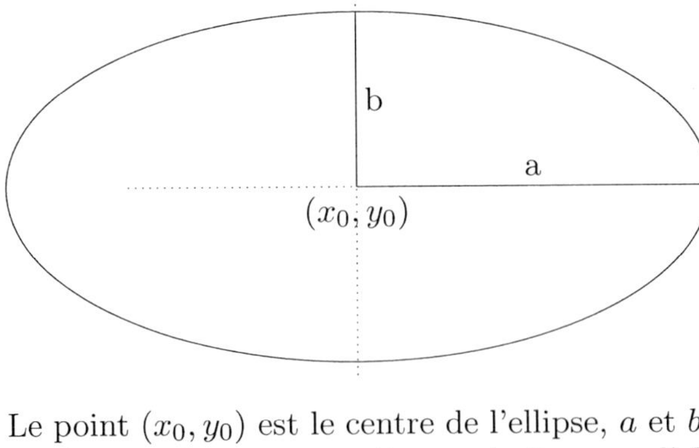

Le point (x_0, y_0) est le centre de l'ellipse, a et b son demi-grand axe et demi-petit axe respectivement. Lorsque l'ellipse est centrée à l'origine, on obtient l'équation canonique:

$$\frac{x^2}{a^2} + \frac{y^2}{b^2} = 1, \text{ paramétrée par } (x, y) = (a\cos t, b\sin t), \ 0 \leq t < 2\pi.$$

(2) **L'hyperbole** dont l'équation cartésienne est

$$\frac{(x - x_0)^2}{a^2} - \frac{(y - y_0)^2}{b^2} = 1.$$

Dans la figure ci-dessous $a = b = 1$ et $(x_0, y_0) = (0, 0)$. Les lignes en pointillé sont les asymptotes de l'hyperbole.

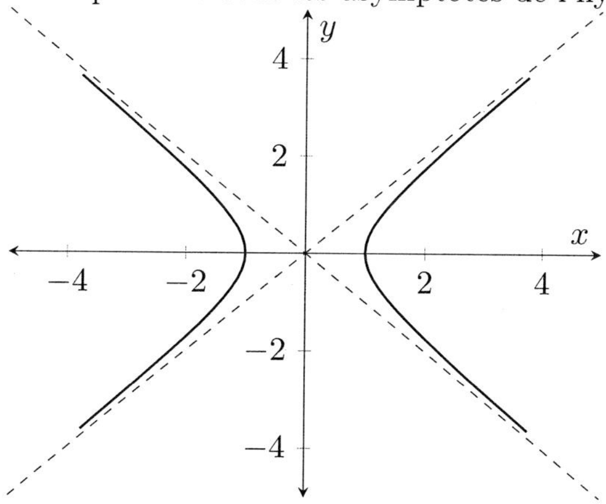

Lorsque l'hyperbole est centrée à l'origine, on obtient l'équation canonique:

$$\frac{x^2}{a^2} - \frac{y^2}{b^2} = 1, \text{ paramétrée par}$$

$$(x, y) = (a\sec t, b\tan t), \ -\frac{\pi}{2} < t < \frac{\pi}{2}, \ \frac{\pi}{2} < t < 3\frac{\pi}{2},$$

les asymptotes ont pour équations $\vec{y} = \pm\frac{b}{a}x$.

(3) **La parabole** dont l'équation cartésienne est

$$4a(x - x_0) = (y - y_0)^2,$$

(x_0, y_0) est le sommet de la parabole. Le foyer de la parabole est au point $(x_0 + a, y_0)$ et sa directrice est la droite $x = x_0 - a$. Dans la figure ci-dessous le sommet $(1, 0)$, $a = \frac{1}{4}$, le foyer est à $(1.25, 0)$ et la directrice est $x = .75$.

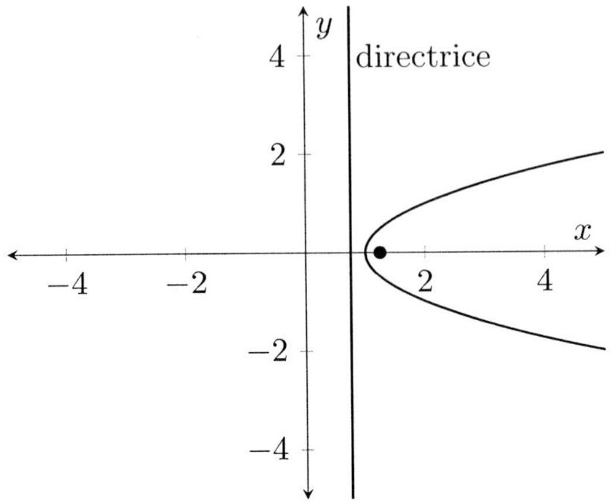

Lorsque le sommet de la parabole est à l'origine, on obtient l'équation canonique:

$$y^2 = 4ax, \ a > 0.$$

Le sommet est alors $(0,0)$, le foyer est $(a,0)$, la directrice est $x = -a$ et la courbe est paramétrée par $x = at^2, y = 2at, \ t \in \mathbb{R}$. Donc, une parabole est complètement déterminée par son foyer et sa directrice.

REMARQUE 3.1. Notons que les formules canoniques précédentes peuvent toujours être obtenues après des changements de variables et que souvent des calculs algébriques doivent être effectués avant qu'on puisse déterminer la nature d'une conique. Plus précisément, on peut, par exemple, déterminer les conditions selon lesquelles l'équation quadratique réelle, $a, b, c \in \mathbb{R}$,

$$x^2 + y^2 + ax + by + c = 0 \text{ est celle d'un cercle,}$$

en écrivant

$$x^2 + ax + \frac{a^2}{4} + y^2 + by + \frac{b^2}{4} = \frac{a^2}{4} + \frac{b^2}{4} - c;$$

ce qui est équivalent à

$$\left(x + \frac{a}{2}\right)^2 + \left(y + \frac{b}{2}\right)^2 = \frac{a^2}{4} + \frac{b^2}{4} - c.$$

Donc, l'équation serait celle d'un cercle qui aurait pour centre $\left(\frac{a}{2}, \frac{b}{2}\right)$ et pour rayon $r = \sqrt{\frac{a^2}{4} + \frac{b^2}{4} - c}$ si et seulement si $\frac{a^2}{4} + \frac{b^2}{4} - c > 0$.

Notons aussi que toutes ces courbes sont différentiables excepté en deux points au maximum. Nous calculons implicitement $\frac{dy}{dx}$ dans le cas des équations cartésiennes canoniques.

Cercle: $2x + 2y\dfrac{dy}{dx} = 0 \iff \dfrac{dy}{dx} = -\dfrac{x}{y}$.

Ellipse: $\dfrac{2x}{a^2} + \dfrac{2y}{b^2}\dfrac{dy}{dx} = 0 \iff \dfrac{dy}{dx} = -\left(\dfrac{b^2}{a^2}\right)\dfrac{x}{y}$.

Hyperbole: $\dfrac{2x}{a^2} - \dfrac{2y}{b^2}\dfrac{dy}{dx} = 0 \iff \dfrac{dy}{dx} = \left(\dfrac{b^2}{a^2}\right)\dfrac{x}{y}$.

Parabole: $2y\dfrac{dy}{dx} = 4a \iff \dfrac{dy}{dx} = \dfrac{2a}{y}$, $a > 0$.

Exercice 3.2. Déterminer la nature de ces courbes planes:

(1) $4x^2 + y^2 = 16$;
(2) $4x^2 - 3y^2 + 8x + 30y = 215$;
(3) $8y^2 + 6x^2 - 36x - 64y + 134 = 0$;
(4) $4x^2 + 25y^2 - 8x - 10y = 20$;
(5) $16x^2 + 25y^2 - 64x - 200y + 64 = 0$;
(6) $x^2 + 3y^2 - 6x + 12y - 23 = 0$;

Exercice 3.3. Pour quelles valeurs de k, la courbe $3x^2+2y^2+12x-16y = k$ est définie?

Exercice 3.4. Utiliser l'équation canonique de l'ellipse pour calculer celle de sa tangente à un point (u, v). Faire la même chose pour l'hyperbole et la parabole.

Excentricité Orbitale

Les mathématiciens de l'Antiquité considéraient l'ellipse comme une orbite autour d'un point $\mathcal{O}$, définie par le lieu géométrique des points X du plan tels que $\overline{XF_1} + \overline{XF_2} = k$, voir Figure 3.0.2. Les points fixes F_1 et F_2 sont appelés *points focaux* ou *foyers* de l'ellipse et k est une constante positive, $\overline{AB}$ est son *axe focal*, A et B ses *sommets*, $\mathcal{O}$ son *centre* et $\overline{CD}$ son *petit axe*. Nous allons montrer que cette définition est équivalente à celle qu'on a vue auparavant.

Posons $\mathcal{O} = (0, 0)$, $F_1 = (-c, 0)$, $F_2 = (c, 0)$, $c > 0$, $a = \dfrac{k}{2}$ et $b = \sqrt{a^2 - c^2}$.

Alors, pour chaque point $X = (x, y)$ de l'ellipse on a

FIGURE 3.0.2. Ellipse: points focaux

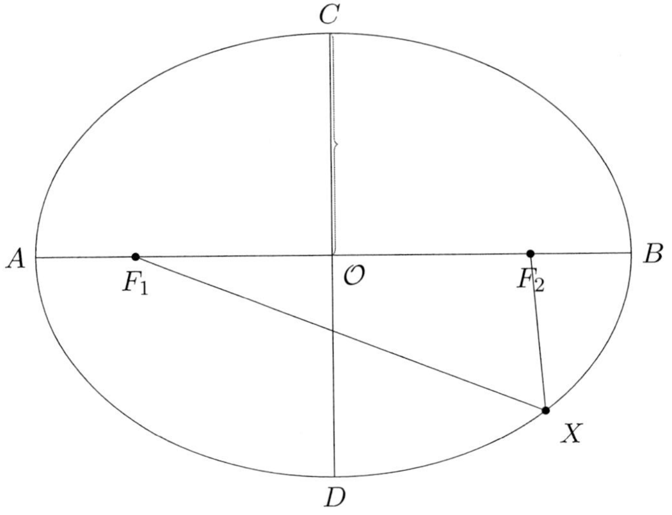

$$\overline{XF_1} + \overline{XF_2} = \sqrt{(x+c)^2 + y^2} + \sqrt{(x-c)^2 + y^2} = 2a,$$

donnant

$$(x+c)^2 + y^2 = 4a^2 - 4a\sqrt{(x-c)^2 + y^2} + (x-c)^2 + y^2$$

et

$$4a\sqrt{(x-c)^2 + y^2} = 4a^2 + (x-c)^2 - (x+c)^2 = 4a^2 - 4cx.$$

Donc

$$a\sqrt{(x-c)^2 + y^2} = a^2 - cx \Rightarrow a^2((x-c)^2 + y^2) = a^4 - 2a^2cx + c^2x^2$$

et

$$a^2x^2 - 2a^2cx + a^2c^2 + a^2y^2 = a^4 + 2a^2cx + c^2x^2$$

$$(a^2 - c^2)x^2 + a^2y^2 = a^4 - a^2c^2 = a^2(a^2 - c^2) \Rightarrow b^2x^2 + a^2y^2 = a^2b^2.$$

On divise la dernière équation pa a^2b^2 afin d'obtenir

$$\frac{x^2}{a^2} + \frac{y^2}{b^2} = 1.$$

Une hyperbole est aussi le lieu géométrique des points $X = (x, y)$ tels que $\overline{XF_1} - \overline{XF_2} = \pm k$, voir Figure 3.0.3. Les points fixes $F_1 = (-c, 0)$ et $F_2 = (0, c)$ sont appelés *points focaux* ou *foyers* de l'hyperbole et k est une constante positive, $(-a, 0)$ et $(a, 0)$ ses sommets.

Le lecteur doit résoudre les deux prochains exercises en se référant à la figure 3.0.3 avant de continuer.

FIGURE 3.0.3. Hyperbole: points focaux

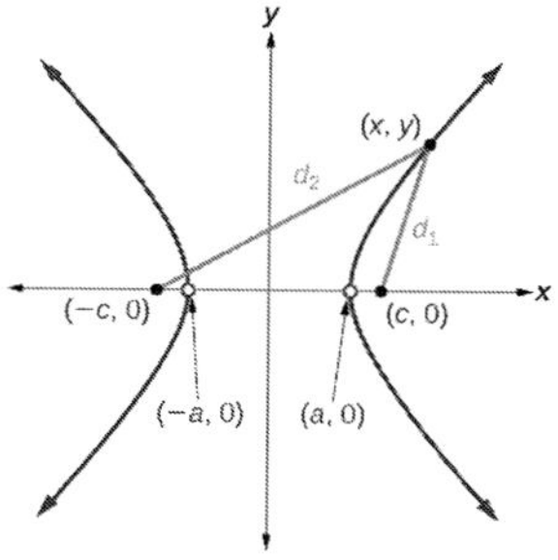

EXERCICE 3.5. Soit $a > 0$ et $b > 0$. Poser $c = \sqrt{a^2 + b^2}$ et montrer que

$$\frac{x^2}{a^2} - \frac{y^2}{b^2} = 1.$$

EXERCICE 3.6. Avec la notation précédente, montrer que l'hyperbole admet deux asymptotes

$$y = \pm\frac{a}{b}x, \text{ quand } x \to \infty,$$

et les tracer sur la Figure 3.0.3.

DÉFINITION 3.7. L'excentricité d'une section conique permet de déterminer sa nature. Pour l'ellipse et pour l'hyperbole on la définit comme

$$e = \frac{\text{distance entre les foyers}}{\text{distance entre les sommets sur l'axe focal}} = \frac{2c}{2a} = \frac{c}{a}.$$

Pour la parabole, on déclare $e = 1$. Pour l'ellipse, $0 \leq e < 1$ et pour l'hyperbole, $e > 1$. Notons aussi que l'excentricité du cercle est nulle.

REMARQUE 3.8. L'excentricité permet de classifier les sections coniques, c'est-à-dire si deux coniques ont la même excentricité alors elles sont superposables à l'aide de rotations et de translations, en d'autres termes des mouvements rigides dans le plan.

Nous avons vu que le foyer et la directrice de la parabole sont deux paramètres qui la définissent. On peut aussi définir des directrices pour l'ellipse et l'hyperbole comme on peut le constater à la Figure 3.0.4. Dans les deux cas, la directrice est la ligne $x = \dfrac{a^2}{c}$ perpendiculaire à l'axe focal. Le foyer, la directrice et l'excentricité nous permettent d'obtenir une définition uniforme des sections coniques.

FIGURE 3.0.4. Coniques: foyers et directrice

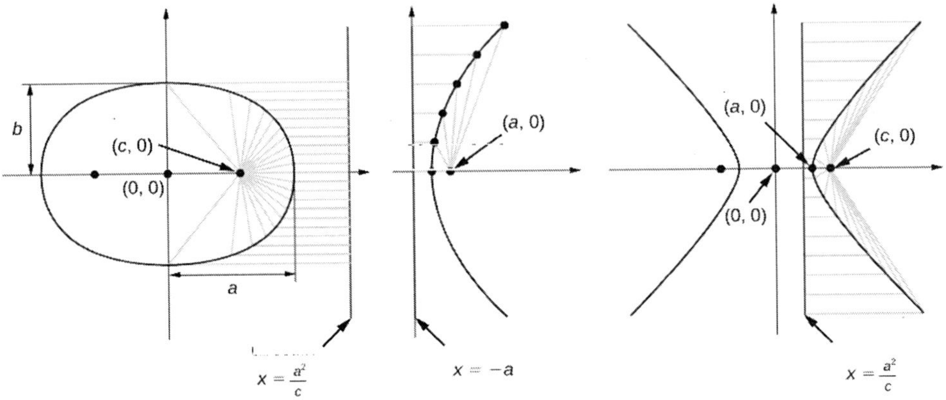

Le prochain théorème montrera que toute section conique non dégénérée $\mathcal{C}$ est le lieu géométrique des points $X = (x, y)$ du plan tels que

$$\overline{XF} = e\overline{XD}, \tag{3.1}$$

$\overline{XF}$ est la distance de X au foyer F, $\overline{XD}$ sa distance à la directrice et e représente l'excentricité de $\mathcal{C}$. Voir Figure 3.0.4

THÉORÈME 3.9. *Le lieu géométrique décrit par l'équation 3.1 est une section conique d'excentricité e.*

DÉMONSTRATION. Si $e = 1$ et $a > 0$ alors l'équation 3.1 devient $\overline{XF}^2 = \overline{XD}^2$, ou bien

$$(x - a)^2 + y^2 = (x + a)^2 \iff y^2 = 4ax.$$

On obtient donc l'équation canonique de la parabole.

Si $0 \leq e < 1$, posons $a > b > 0$ et $c = \sqrt{a^2 - b^2}$. Alors L'équation 3.1 devient $\overline{XF}^2 = e^2\overline{XD}^2$, ou bien

$$(x - c)^2 + y^2 = e^2\left(x - \frac{a^2}{c}\right)^2 \iff (x - c)^2 + y^2 = \frac{c^2}{a^2}\left(x - \frac{a^2}{c}\right)^2$$

$$\iff x^2 - 2cx + c^2 + y^2 = \frac{c^2}{a^2}\left(x^2 - 2\frac{a^2}{c}x + \frac{a^4}{c^2}\right)$$

$$\iff x^2 - 2cx + a^2 - b^2 + y^2 = \frac{c^2}{a^2}\vec{x}^2 - 2cx + a^2$$

$$\iff \left(1-\frac{c^2}{a^2}\right)x^2+y^2=b^2 \iff \left(\frac{a^2-c^2}{a^2}\right)x^2+y^2=b^2$$

$$\iff \left(\frac{b2}{a^2}\right)x^2+y^2=b^2 \iff \frac{x^2}{a^2}+\frac{y^2}{b^2}=1.$$

On obtient donc l'équation canonique de l'ellipse.

Si $e>1$ en posant $a>0, b>0$ et $c=\sqrt{a^2+b^2}$, et en effectuant un calcul algébrique similaire au cas de l'ellipse, on obtiendra l'équation canonique de l'hyperbole

$$\frac{x^2}{a^2}-\frac{y^2}{b^2}=1.$$

□

EXERCICE 3.10. Effectuer le calcul algébrique nécessaire pour pouvoir terminer la démonstration du précédent théorème.

REMARQUE 3.11. On peut exprimer l'équation 3.1 en coordonnées polaires en écrivant comme d'habitude $X=(r,\theta)$ et $x=d$ pour désigner la directrice. Alors $r=\overline{XF}$, $\overline{XD}=d-r\cos\theta$, et pour $e>0$, l'équation devient

$$r=e(d-r\cos\theta) \iff r=\frac{ed}{1+e\cos\theta}.$$

EXEMPLE 3.12. Pour identifier la courbe $r=\dfrac{8}{4+3\cos\theta}$, on commence par diviser le numérateur et le numérateur par 4 pour obtenir

$$r=\frac{2}{1+\frac{3}{4}\cos\theta}.$$

Donc, $e=\dfrac{3}{4}$ et puisque $ed=2$, $d=\dfrac{8}{3}$. La courbe est une ellipse d'excentricité 0.75 avec une directrice $x=\dfrac{8}{3}$.

□

EXERCICE 3.13. Trouver les sommets, foyers, la directrice, l'excentricité et centre des coniques suivantes et calculer les asymptotes dans le cas d'une hyperbole:

(1) $\left(\dfrac{x+3}{4}\right)^2\left(\dfrac{y-5}{3}\right)^2=1;$

(2) $4x^2-3y^2+8x+30y=215;$

(3) $y = 4(x-4)^2$;

(4) $8y^2 + 6x^2 - 36x - 64y + 134 = 0$;

(5) $3x^2 - 27y^2 = 12$.

Exercice 3.14. Trouver l'équation cartésienne de la section conique définie par les paramètres suivants:

(1) Parabole: foyer $(-4, 0)$, directrice $x = 2$;

(2) Parabole: foyer $(3, 6)$, sommet $(3, 2)$;

(3) Parabole: foyer $(1, 1)$, directrice $y = 6$;

(4) Parabole: sommet $(2, 3)$ directrice $x = 0$ passant par $(1, 5)$;

(5) Parabole: directrice $y = 0$ passant par $(-1, 0), (1, -1)$ et $(1, 3)$;

(6) Ellipse: foyers $(0, 2), (0, 6)$, sommets $(0, 0)(0, 8)$;

(7) Ellipse: centre $(-1, 4)$ sommet (-10), foyer $(-1, 6)$;

(8) Ellipse: foyers $(\pm 4, 0)$ passant par $(-4, 1.8)$;

(9) Ellipse: foyers $(0, \pm 10)$, excentricité $\frac{3}{5}$;

(10) Ellipse: sommets $(4, 0), (28, 0)$, excentricité $\frac{2}{3}$;

(11) Hyperbole: sommet $(3, 4)$, directrice $y = -2$;

(12) Hyperbole foyer $(2, 0$, directrice $x = 2$;

(13) Hyperbole: sommets $(-1, 2), (7, 2)$, foyers $(-2, 2), (8, 2)$

(14) Hyperbole: sommets $(\pm 3, 0)$, asymptotes $y = \pm 2x$;

(15) Hyperbole: foyers $(2, 0), (2, 8)$, asymptotes $y = 3 + \frac{1}{2}x, y = 5 - \frac{1}{2}x$.

Exercice 3.15. Le point d'une orbite lunaire le plus proche de la surface de la lune est appelé *périlune*, celui le plus éloigné est *apolune*. Le vaisseau spatial Apollo 11 était placé sur l'orbite elliptique lunaire avec une altitude de périlune de 110 km et une altitude d'apolune de 314 km au-dessus de la lune. Trouver l'équation de cette orbite elliptique si le rayon de la lune est 1728 km et le centre de la lune est situé à un foyer de l'ellipse.

Exercice 3.16. Dans chaque cas, calculer l'excentricité de la courbe, trouver sa directrice et tracer son graphe.

(1) $r = \dfrac{12}{2 + 4\cos\theta}$;

(2) $r = \dfrac{9}{6 + 2\cos\theta}$;

(3)

(4) $r = \dfrac{10}{5 - 6\sin\theta}$;

(5) $r = \dfrac{4}{5 - 4\sin\theta}$.

EXERCICE 3.17. Montrer qu'une conique dont l'excentricité est e et la directrice $y = -d$ a pour équation polaire:

$$r = \frac{ed}{1 - e\sin\theta}.$$

EXERCICE 3.18 (Niveau universitaire peut-être?). Montrer que les deux courbes $r = \dfrac{k}{1+\cos\theta}$ et $r = \dfrac{l}{1-\cos\theta}$ sont orthogonales, c'est-à-dire leurs tangentes à chaque point d'intersection le sont.

EXERCICE 3.19. Soit une ellipse $r = \dfrac{ed}{1 + e\cos\theta}$ dont le foyer à droite du centre est $F_2 = (0,0)$ et la directrice est $x = 0$, l'axe des y. Tracer un graphe de cette ellipse et calculer l'abscisse de l'autre foyer F_1, du centre, et de chaque sommet.

EXERCICE 3.20. Trouver une équation cartésienne pour $r = \dfrac{16}{5 + 3\cos\theta}$.

EXERCICE 3.21. La première loi de Kepler ou plus précisément celle obtenue après avoir modifié le modèle héliocentrique de Copernicus, précise que les planètes décrivent une ellipse dont le soleil occupe l'un des foyers et que l'équation de cette trajectoire est donnée par la formule

$$r = \frac{a(1 - e^2)}{1 + e\cos\theta}, \quad a \text{ est la moitié de l'axe focal.}$$

Tracer le graphe de l'ellipse et indiquer la position du soleil et de la planète pour illustrer le contenu du précédent paragraphe.

L'orbite de Mars autour du soleil est une ellipse d'excentricité 0.093 avec un semi-axe focal de 2.28×10^8 km. Déterminer l'équation polaire de l'orbite.

L'orbite de Jupiter autour du soleil est une ellipse d'excentricité 0.048 avec un axe focal de 1.56×10^9 km. Déterminer l'équation polaire de l'orbite.

EXERCICE 3.22. Le point de l'orbite d'une planète le plus près du soleil est son *périhélie* et celui le plus éloigné du soleil est son *aphélie.*

Utiliser l'équation de l'orbite pour démontrer que le périhélie est à une distance $a(1-e)$ et l'aphélie est à une distance de $a(1+e)$.

Calculer le périhélie et l'aphélie de Mars et Jupiter. Faites la même chose pour la terre dont l'orbite a pour excentricité 0.017 et la longueur de l'axe focal est 2.99×10^8 km.

EXERCICE 3.23. Calculer l'image de la courbe $r = \dfrac{10}{3 - 2\cos\theta}$ après une rotation de 45 degrés.

EXERCICE 3.24. Soit $P = (a, b)$ un point du plan à l'extérieur d'un cercle de rayon 1, P_1 et P_2 les points de contact des tangentes au cercle passant par P. Montrer que l'équation cartésienne de la droite passant par P_1 et P_2 est $ax + by = 1$.

EXERCICE 3.25. Soit $\mathcal{C}$ une conique non dégénérée de foyer F et de directrice D. Montrer que la tangente T en tout point P de $\mathcal{C}$ qui n'appartient pas à l'axe focal coupe D en un point L tel que $\overrightarrow{FP}$ et $\overrightarrow{FL}$ sont orthogonaux.

Remarque: Essayer de prouver le cas de l'ellipse d'abord.

EXERCICE 3.26. Soit une hyperbole $\mathcal{H}$ centrée à l'origine du repère orthonormé $(\mathcal{O}, \vec{i}, \vec{j})$ et d'équation $\dfrac{x^2}{a^2} - \dfrac{y^2}{b^2} = 1$. Montrer que dans le repère normé $(\mathcal{O}, \vec{u}, \vec{v})$ défini par les asymptotes de $\mathcal{H}$, son équation est $XY = \dfrac{c^2}{4}$.

GÉNÉRALISATIONS

Nous avons vu que toute section conique non dégénérée peut s'écrire sous la forme d'une courbe réelle dans le plan

$$Ax^2 + Bxy + Cy^2 + Dx + Ey + F = 0; \; A, B, C, D, E, F \in \mathbb{R}.$$

Comme d'habitude les coefficients A, B et C ne sont pas tous nuls.

Il est clair que toute courbe de cette forme n'est pas nécessairement une section conique non dégénérée ; la courbe $x^2 + y^2 + 1 = 0$ en est un exemple.

Il nous sera avantageux d'utiliser la forme matricielle de cette équation en posant d'abord

$$\mathcal{A} = \begin{pmatrix} A & \frac{1}{2}B \\ \frac{1}{2}B & C \end{pmatrix}, \ \mathbb{K} = \begin{bmatrix} D \\ E \end{bmatrix} \text{ et } \mathbb{L} = \begin{bmatrix} x \\ y \end{bmatrix}$$

et en l'écrivant ensuite comme

$$\mathbb{L}^T \mathcal{A} \mathbb{L} + \mathbb{K}^T \mathbb{L} + F = 0.$$

Exemple 3.27. $x^2 - 5y^2 + 2xy + 2x + 5 = 0$ est équivalent à

$$\begin{bmatrix} x & y \end{bmatrix} \begin{pmatrix} 1 & 1 \\ 1 & -5 \end{pmatrix} \begin{bmatrix} x \\ y \end{bmatrix} + \begin{bmatrix} 2 & 0 \end{bmatrix} \begin{bmatrix} x \\ y \end{bmatrix} + 5 = 0.$$

□

Exercice 3.28. Donner la forme matricielle de ces courbes planes.

(1) $4x^2 + y^2 - 2xy + 5x - y = -1$,
(2) $2x^2 - 3xy + 5y^2 - 4 = 0$.

On peut classifier les sections coniques non dégénérées à travers le *discriminant* $B^2 - 4AC$. Le théorème de classification sera démontré à partir du fait que le déterminant de $\mathcal{A}$ est un multiple du discriminant et que les deux expressions sont de signes opposés parce que

$$\det \mathcal{A} = AC - \frac{1}{4}B^2 = -\frac{1}{4}(B^2 - 4AC).$$

Théorème 3.29. *Une section conique non dégénérée*

$$Ax^2 + Bxy + Cy^2 + Dx + Ey + F = 0 \text{ est}$$

(1) *une ellipse si* $B^2 - 4AC < 0 \iff \det \mathcal{A} > 0$,
(2) *une hyperbole si* $B^2 - 4AC > 0 \iff \det \mathcal{A} < 0$,
(3) *une parabole si* $B^2 - 4AC = 0 \iff \det \mathcal{A} = 0$.

Démonstration. $\mathcal{A}$ est une matrice symétrique donc orthogonalement diagonalisable par une isométrie vectorielle P telle que $P^T \mathcal{A} P = \Delta$, une matrice diagonale de valeurs propres de $\mathcal{A}$. Les colonnes de P sont des vecteurs propres et forment une base orthonormée β du plan. Dans la base β, les nouvelles coordonnées $\mathbb{L}' = \begin{bmatrix} x' \\ y' \end{bmatrix}$ sont données par

$$P\mathbb{L}' = \mathbb{L} \iff L' = P^T \mathbb{L},.$$

et la conique est de la forme

$$\mathbb{L}'^T \begin{pmatrix} \lambda_1 & 0 \\ 0 & \lambda_2 \end{pmatrix} \mathbb{L}' + \mathbb{K}^T P \mathbb{L}' + F = 0 \equiv \lambda_1 x'^2 + \lambda_2 y'^2 + dx' + ey' + F = 0$$

Puisque $\det \mathcal{A} = \lambda_1\lambda_2$ et que la courbe n'est pas dégénérée, on peut conclure que

(1) si $\det \mathcal{A} > 0$ alors les deux valeurs propres ont le même signe, ce qui implique que la courbe est une ellipse,

(2) si $\det \mathcal{A} < 0$ alors les deux valeurs propres sont de signes opposés, ce qui implique que la courbe est une hyperbole

(3) et enfin, si $\det \mathcal{A} = 0$ alors l'une des valeurs propres est nulle mais pas les deux, donc c'est une parabole.

□

EXEMPLE 3.30. Ce théorème nous permet non seulement de classifier les coniques non dégénérées mais aussi d'en fournir une équation via l'algorithme défini dans la démonstration. Considérons la courbe

$$x^2 - 2xy + y^2 + x + y - 8 = 0.$$

Alors, le discriminant est $4 - 4 \cdot 1 \cdot 1 = 0$; ce qui implique que la courbe est une parabole. Pour trouver son équation, on commence par l'écrire sous sa forme matricielle:

$$\begin{bmatrix} x & y \end{bmatrix} \begin{pmatrix} 1 & -1 \\ -1 & 1 \end{pmatrix} \begin{bmatrix} x \\ y \end{bmatrix} + \begin{bmatrix} 1 & 1 \end{bmatrix} \begin{bmatrix} x \\ y \end{bmatrix} - 8 = 0.$$

Pour diagonaliser, il faut d'abord trouver les valeurs propres en calculant les racines du polynôme caractéristique, donc résoudre l'équation

$$\begin{vmatrix} 1-\lambda & -1 \\ -1 & 1-\lambda \end{vmatrix} = (1-\lambda)^2 - 1 = -2\lambda + \lambda^2 = \lambda(\lambda - 2) = 0 \iff \lambda = 0 \text{ ou } \lambda = 2,$$

ensuite il faut trouver l'isométrie P dont les colonnes sont des vecteurs propres associés à 0 et à 2 respectivement. On obtient donc

$$E_0 = \left\langle \begin{bmatrix} 1 \\ 1 \end{bmatrix} \right\rangle \text{ et } E_2 = \left\langle \begin{bmatrix} -1 \\ 1 \end{bmatrix} \right\rangle.$$

Donc, il convient de prendre $P = \begin{pmatrix} \frac{1}{\sqrt{2}} & -\frac{1}{\sqrt{2}} \\ \frac{1}{\sqrt{2}} & \frac{1}{\sqrt{2}} \end{pmatrix}$ pour obtenir l'équation

$$2y'^2 + \begin{bmatrix} 1 & 1 \end{bmatrix} P \begin{bmatrix} x' \\ y' \end{bmatrix} - 8 = 0 \equiv 2y'^2 + \frac{2}{\sqrt{2}}x' - 8 = 0.$$

Dans la base de vecteurs propres, la parabole s'écrit $x' = -\sqrt{2}y'^2 + \sqrt{32}$ et son sommet est $(\sqrt{32}, 0)$.

FIGURE 3.0.5. Parabole: $x^2 - 2xy + y^2 + x + y - 8 = 0$.

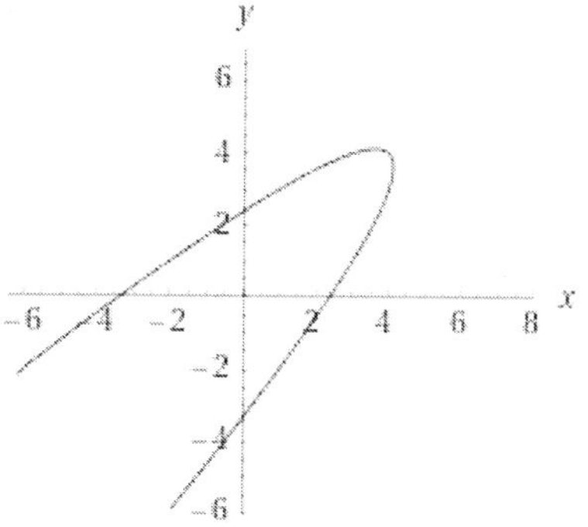

Pour exprimer le sommet dans les coordonnées initiales, utiliser P^T pour calculer

$$\begin{bmatrix} x' \\ y' \end{bmatrix} = \begin{pmatrix} \frac{1}{\sqrt{2}} & \frac{1}{\sqrt{2}} \\ -\frac{1}{\sqrt{2}} & \frac{1}{\sqrt{2}} \end{pmatrix} \begin{bmatrix} x \\ y \end{bmatrix} = \begin{bmatrix} \frac{1}{\sqrt{2}}x + \frac{1}{\sqrt{2}}y \\ -\frac{1}{\sqrt{2}}x + \frac{1}{\sqrt{2}}y \end{bmatrix}$$

et résoudre le système $\begin{cases} \frac{1}{\sqrt{2}}x + \frac{1}{\sqrt{2}}y = \sqrt{32} \\ -\frac{1}{\sqrt{2}}x + \frac{1}{\sqrt{2}}y = 0 \end{cases}$ pour trouver $x = y = 4$.

Donc, le sommet est $(4, 4)$ dans la base canonique comme on peut le voir sur la Figure 3.0.5.

□

EXERCICE 3.31. Dans chaque cas, identifier la section conique et écrire son équation sous la forme

$$ax^2 + by^2 + cx + dy + e = 0, a, b, c, d, e \in \mathbb{R}$$

en utilisant la dernière technique. Dans la base canonique, indiquer ses sommets, ses foyers, ses asymptotes s'ils existent.

(1) $3x^2 - 10xy + 3y^2 + 14x - 2y + 3 = 0$;

(2) $11x^2 + 4xy + 14y^2 - 4x - 28y - 16 = 0$;

(3) $x^2 - 4xy + 4y^2 + 6x - 2y + 3 = 0$;

(4) $x^2 + 2xy + 4y^2 + 14x - 2y + 3 = 0$;

Les Quadriques

Les *quadriques* ou plus précisément les *surfaces quadratiques* sont des surfaces polynomiales dans l'espace $\mathbb{R}^3$ dont les sections planes sont des coniques. Elles satisfont une équation cartésienne de la forme:

$$Ax^2 + By^2 + Cz^2 + Dxy + Exz + Fyz + Gx + Hy + Iz + J = 0; \tag{3.2}$$

les coefficients sont des nombres réels et A, B, C, D, E et F ne sont pas tous nuls. En géométrie euclidienne, elles sont classifiées en neuf classes dans la base canonique:

(1) L'ellipsoïde: $\dfrac{x^2}{a^2} + \dfrac{y^2}{b^2} + \dfrac{z^2}{c^2} - 1 = 0,$

(2) L'hyperbole à une nappe: $\dfrac{x^2}{a^2} + \dfrac{y^2}{b^2} - \dfrac{z^2}{c^2} - 1 = 0,$

(3) L'hyperbole à deux nappes: $\dfrac{x^2}{a^2} + \dfrac{y^2}{b^2} - \dfrac{z^2}{c^2} + 1 = 0,$

(4) Le cône elliptique: $\dfrac{x^2}{a^2} + \dfrac{y^2}{b^2} - \dfrac{z^2}{c^2} = 0,$

(5) Le paraboloïde elliptique: $\dfrac{x^2}{a^2} + \dfrac{y^2}{b^2} - z = 0,$

(6) Le paraboloïde hyperbolique: $\dfrac{x^2}{a^2} - \dfrac{y^2}{b^2} - z = 0,$

(7) Le cylindre elliptique: $\dfrac{x^2}{a^2} + \dfrac{y^2}{b^2} - 1 = 0,$

(8) Le cylindre hyperbolique: $\dfrac{x^2}{a^2} - \dfrac{y^2}{b^2} - 1 = 0,$

(9) Le cylindre parabolique: $y^2 = 4ax.$

Une liste de graphes est accessible à `https://fr.wikipedia.org/wiki/Quadrique`

Notons qu'une sphère de centre $(0, 0, 0)$ et de rayon r dont l'équation selon Pythagore est donnée par

$$x^2 + y^2 + z^2 = r^2,$$

est en effet un ellipsoïde tel que $a = b = c = r$.

FIGURE 3.0.6. Paraboloïde: $x^2 + 2y^2 - 6x - z + 10 = 0$

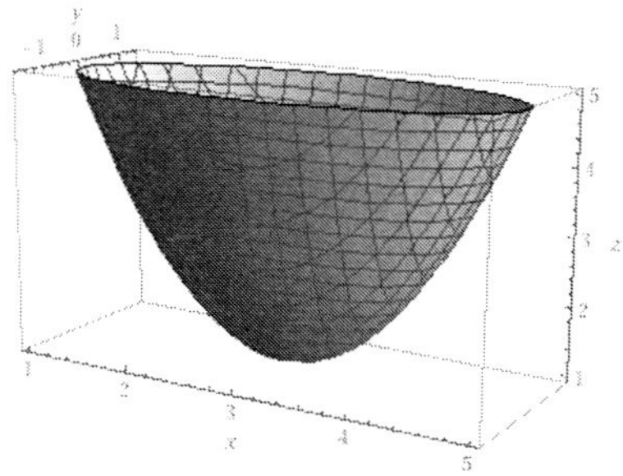

Ces surfaces ont été étudiées par Archimède dans son traité des *Conoïdes* et des *Sphéroïdes*. Elles proviennent des rotations de coniques autour de leur axe de symétrie.

Lorsque les coefficients des monômes mixtes D, E et F dans l'équation 3.2 sont nuls il est facile d'identifier la nature de la quadrique qu'elle représente en complétant des carrés.

EXEMPLE 3.32. Pour identifier la quadrique $x^2 + 2y^2 - 6x - z + 10 = 0$, on écrit

$$\begin{aligned} x^2 - 6x + 2y^2 - z + 10 &= (x^2 - 6x + 9) + 2y^2 - z + 1 \\ &= (x-3)^2 + 2y^2 - (z-1) \\ &= \frac{(x-3)^2}{2} + y^2 - \frac{z-1}{2} = 0. \end{aligned}$$

La surface est un paraboloïde elliptique et son sommet est situé au point $(3, 0, 1)$. Voir Figure 3.0.6.

EXERCICE 3.33. Identifier les quadriques suivantes et tracer leurs graphes en utilisant le logiciel Wolfram Alpha.

(1) $4x^2 + y^2 + z^2 + 8x = 0$;
(2) $4x^2 + y^2 - 4z^2 + 6x - y + 4 = 0$
(3) $9x^2 + 4y^2 - 36z^2 - 8y - 144z = 104$

Il est évident que si l'équation 3.2 contient l'un des monômes mixtes alors la complétion des carrés n'aboutira pas au résultat escompté. Dans ce cas, on peut faire le changement de base qu'on a vu dans le cas des coniques.

L' équation 3.2 sous forme matricielle s'écrit:

$$\mathbf{x}^T\mathcal{A}\mathbf{x} + \mathbf{y}^T\mathbf{x} + J = 0;$$

$$\mathcal{A} = \begin{pmatrix} A & \frac{1}{2}D & \frac{1}{2}E \\ \frac{1}{2}D & B & \frac{1}{2}F \\ \frac{1}{2}E & \frac{1}{2}F & C \end{pmatrix}, \; \mathbf{x} = \begin{bmatrix} x \\ y \\ z \end{bmatrix} \text{ et } \mathbf{y} = \begin{bmatrix} G \\ H \\ I \end{bmatrix}.$$

Exercice 3.34. Trouver la forme matricielle de

(1) $x^2 - 3y^2 + 2z^2 - 2xy + 4xz - 6yz + x + y - z - 1 = 0$,

(2) $2y - \pi xy + xz - 5 = 0$.

Pour identifier une quadrique, on passe de la base canonique à une base orthonormée dont les éléments sont les vecteurs propres de $\mathcal{A}$ les colonnes d'une matrice orthogonale P telle que

$$\mathcal{P}^T\mathcal{A}P = \begin{pmatrix} \lambda_1 & 0 & 0 \\ 0 & \lambda_2 & 0 \\ 0 & 0 & \lambda_3 \end{pmatrix}.$$

Les nouvelles coordonnées $\mathbf{x}' = \begin{bmatrix} x' \\ y' \\ z' \end{bmatrix}$ sont données par

$$P\mathbf{x}' = \mathbf{x} \iff \mathbf{x}' = P^T\mathbf{x}.$$

Dans cette nouvelle base, l'équation de la surface devient:

$$\lambda_1 x'^2 + \lambda_2 y'^2 + \lambda_3 z'^2 + \mathbf{y}^T P\mathbf{x}' + J = 0.$$

La *signature* (p, q) de $\mathcal{A}$ permet d'identifier la surface. Rappelons que p est le nombre de valeurs propres strictement positives de $\mathcal{A}$ et q celui de celles qui sont strictement négatives. Selon la loi d'inertie de Sylvester, la signature ne dépend de la base ambiante.

Table 1. Identification de quadriques

Signature	Quadrique
$(3, 0)$ ou $(0, 3)$	ellipsoïde
$(2, 1)$ ou $(1, 2)$	hyperboloïde ou cône
$(2, 0)$ ou $(0, 2)$	paraboloïde elliptique ou cylindre elliptique
$(1, 1)$	paraboloïde hyperbolique ou cylindre hyperbolique
$(1, 0)$ ou $(0, 1)$	cylindre parabolique

FIGURE 3.0.7. Cylindre parabolique: $x^2+y^2+z^2+2xy+2xz+2yz+x-y+z-5=0$

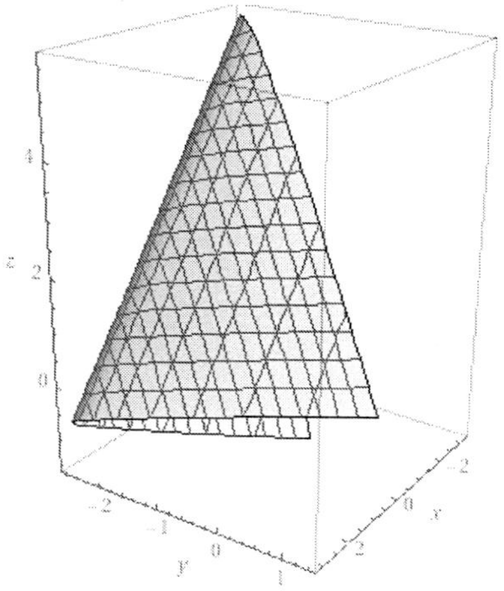

EXEMPLE 3.35. Pour identifier $x^2+y^2+z^2+2xy+2xz+2yz+x-y+z-5=0$, on diagonalise

$$\mathcal{A}=\begin{pmatrix}1&1&1\\1&1&1\\1&1&1\end{pmatrix}.$$

Le polynôme caractéristique est

$$\begin{vmatrix}1-\lambda&1&1-\lambda\\1&1&1\\1&1&1-\lambda\end{vmatrix}=\lambda(\lambda-3).$$

Les valeurs propres de $\mathcal{A}$ sont $0,0,3$ associées respectivement aux vecteurs propres

$$\begin{bmatrix}-1\\0\\1\end{bmatrix},\begin{bmatrix}-1\\1\\0\end{bmatrix},\begin{bmatrix}1\\1\\1\end{bmatrix}.$$

La quadrique est donc un cylindre parabolique parce que sa signature est $(1,0)$. Voir Figure 3.0.7.

Ces vecteurs forment une base non orthonormée $\mathbb{R}^3$. On les orthonomalise via le procédé de Laplace-Gram-Schmidt pour trouver la base orthonorrmée β définissant l'isométrie

FIGURE 3.0.8. Cylindre parabolique: $y' = \frac{9z'^2+\sqrt{3}z'-15}{2\sqrt{6}}$.

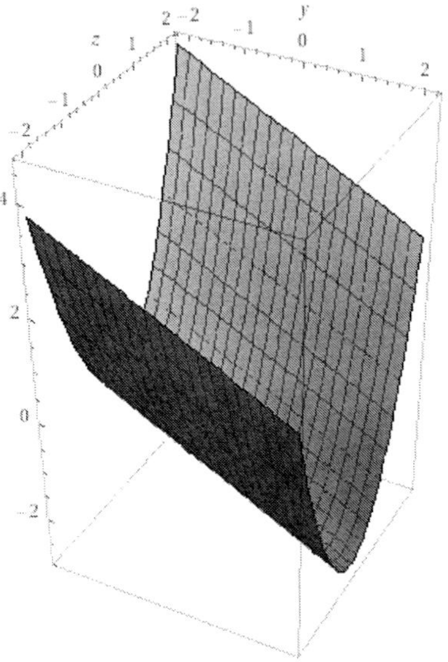

$$P = \begin{pmatrix} -\frac{1}{\sqrt{2}} & -\frac{1}{\sqrt{6}} & \frac{1}{\sqrt{3}} \\ 0 & \frac{2}{\sqrt{6}} & \frac{1}{\sqrt{3}} \\ \frac{1}{\sqrt{2}} & -\frac{1}{\sqrt{6}} & \frac{1}{\sqrt{3}} \end{pmatrix} \text{ et } \mathbf{y}^T P\mathbf{x}' = -\frac{4}{\sqrt{6}}y' + \frac{1}{\sqrt{3}}z'.$$

Dans la base β, l'équation de la surface est

$$3z'^2 - \frac{4}{\sqrt{6}}y' + \frac{1}{\sqrt{3}}z' - 5 = 0 \Rightarrow y' = \frac{9z'^2 + \sqrt{3}z' - 15}{2\sqrt{6}}.$$

□

EXERCICE 3.36. Montrer que

$$5x^2 + 3y^2 + 3z^2 - 2xy - 2xz + 2yz - 10x + 6y - 2z - 10 = 0$$

est un ellipsoïde et calculer son centre.

EXERCICE 3.37. Classifier ces quadriques

(1) $xy - y + yz = xz$;

(2) $x^2 - 3y^2 + 2z^2 - 2xy + 4xz - 6yz + x + y - z - 1 = 0$;
(3) $2y - \pi xy + xz - 5 = 0$.

MODULE 4

Géométrie Affine

Alfred Gérard Noël

University of Massachusetts Boston
USA.

La théorie vectorielle développée au module 1 nous a fourni un modèle algébrique de la Géométrie euclidienne du plan et de l'espace. Le Précis d'Algèbre linéaire du module 2 qui nous a permis d'unifier la théorie des coniques et des quadriques, nous permettra aussi, dans ce module, de reprendre l'étude de la Géométrie plane à travers l'action de certains groupes de fonctions bijectives de $\mathbb{R}^2$ conservant les propriétés caractéristiques inhérentes aux droites, aux coniques et à d'autres configurations géométriques planes. Ces fonctions sont des *Applications affines* ou des *Transformations affines.* Cette approche est une conséquence de l'«Erlanger Programm» de Felix Klein et de la «Grundlagen der Geometrie» de David Hilbert, idées philosophiques, mathématiques et pédagogiques, élaborées à la fin du XIXe siècle jusqu'aux années 1920 en Allemagne, et couramment acceptées par la communauté mathématique mondiale.

Nous travaillons dans la base canonique $\{\vec{e}_1, \vec{e}_2\}$. Nos «points» sont des vecteurs de position dont l'origine est à $(0, 0)$.

DÉFINITION 4.1. Une fonction $T : \mathbb{R}^2 \to \mathbb{R}^2$ est une *application affine* ou une *affinité* si

$$T(\vec{x}) = A(\vec{x}) + \vec{v},\ A \text{ est un automorphisme du plan et } \vec{v} \text{ un vecteur fixé.}$$

Dans une base de $\mathbb{R}^2$, $T(\vec{x}) \equiv \begin{pmatrix} a & b \\ c & d \end{pmatrix} \begin{bmatrix} x_1 \\ x_2 \end{bmatrix} + \begin{bmatrix} v_1 \\ v_2 \end{bmatrix}$ où la matrice carrée est inversible et $\vec{x} = \begin{bmatrix} x_1 \\ x_2 \end{bmatrix}$. L'ensemble des applications affines de $\mathbb{R}^2$ est dénoté par $\mathcal{A}(2)$.

EXEMPLE 4.2. La fonction $T : \mathbb{R}^2 \to \mathbb{R}^2$ définie par

$$T(\vec{x}) = \begin{pmatrix} \cos\theta & -\sin\theta \\ \sin\theta & \cos\theta \end{pmatrix} \vec{x} + \begin{bmatrix} 1 \\ 1 \end{bmatrix}$$

est une application affine. C'est une rotation d'un angle θ suivie d'une translation par le vecteur $\begin{bmatrix} 1 \\ 1 \end{bmatrix}$.

REMARQUE 4.3. Il est clair qu'une application affine T est linéaire si et seulement si le vecteur de translation $\vec{v} = \vec{0}$, parce que, entre autres, $T(\vec{0}) = \vec{v}$.

PROPOSITION 4.4. *Une transformation affine est une bijection.*

DÉMONSTRATION. Soit $T(\vec{x}) = A(\vec{x}) + \vec{v}$, dénotons l'inverse par l'application affine $T^{-1}(\vec{x}) = A^{-1}(\vec{x}) - A^{-1}(\vec{v})$. Alors,

$$\begin{aligned}(T \circ T^{-1})(\vec{x}) &= T(T^{-1}(\vec{x})) = T(A^{-1}(\vec{x}) - A^{-1}(\vec{v})) \\ &= A(A^{-1}(\vec{x}) - A^{-1}(\vec{v})) + \vec{v} \\ &= (A \circ A^{-1})(\vec{x}) - (A \circ A^{-1})(\vec{v})) + \vec{v} \\ &= \vec{x} - \vec{v} + \vec{v} = \vec{x}.\end{aligned}$$

$$\begin{aligned}(T^{-1} \circ T)(\vec{x}) &= T^{-1}(T(\vec{x})) = T^{-1}(A(\vec{x}) + \vec{v}) \\ &= A^{-1}(A(\vec{x}) + \vec{v}) - A^{-1}(\vec{v}) \\ &= (A^{-1} \circ A)(\vec{x}) + A^{-1}(\vec{v}) - A^{-1}(\vec{v})) \\ &= \vec{x} + A^{-1}(\vec{v}) - A^{-1}(\vec{v}) = \vec{x}.\end{aligned}$$

□

EXERCICE 4.5. Calculer l'inverse de l'application affine

$$T(\vec{x}) = \begin{pmatrix} a & b \\ c & d \end{pmatrix} \begin{bmatrix} x_1 \\ x_2 \end{bmatrix} + \begin{bmatrix} v_1 \\ v_2 \end{bmatrix}.$$

THÉORÈME 4.6. *Muni de la loi de composition des fonctions, $\mathcal{A}(2)$ est un groupe.*

DÉMONSTRATION. D'abord, la composition est une loi interne de $\mathcal{A}(2)$ parce que si T_1 et T_2 sont des applications affines, alors

$$\begin{aligned}(T_1 \circ T_2)(\vec{x}) &= T_1(T_2(\vec{x})) = A_1(A_2(\vec{x}) + \vec{v}_2) + \vec{v}_1\\ &= A_1(A_2(\vec{x})) + A_1(\vec{v}_2) + \vec{v}_1\\ &= (A_1 \circ A_2)(\vec{x}) + (A_1(\vec{v}_2) + \vec{v}_1).\end{aligned}$$

$A_1 \circ A_2$ est un isomorphisme parce que A_1 et A_2 le sont, et $(A_1(\vec{v}_2)+\vec{v}_1) \in \mathbb{R}^2$. Il s'ensuit que $(T_1 \circ T_2)$ est une application affine.

La composition est associative dans $\mathcal{A}(2)$ parce qu'elle l'est sur l'ensemble des automorphismes de $\mathbb{R}^2$.

La fonction $I : \mathbb{R}^2 \to \mathbb{R}^2$ telle que $I(\vec{x}) = \vec{x}$, est une application affine, et pour tout $T \in \mathcal{A}(2)$ on a

$$(T \circ I)(\vec{x}) = T(I(\vec{x})) = T(\vec{x}) = I(T(\vec{x}) = (I \circ T)(\vec{x}).$$

Donc, I est l'élément neutre.

Enfin, selon la précédente proposition, toute application affine T a un inverse T^{-1}.

□

EXERCICE 4.7. Vérifier l'associativité de la composition sur $\mathcal{A}(2)$ en démontrant que si T_1, T_2 et T_3 sont des applications affines alors

$$T_1 \circ (T_2 \circ T_3) = (T_1 \circ T_2) \circ T_3.$$

La Géométrie affine sur $\mathbb{R}^2$ est l'étude le l'action du groupe $\mathcal{A}(2)$ sur certaines configurations planes.

Action du Groupe Affine sur les Droites du Plan

THÉORÈME 4.8. *Si $y = ax + b$ est une droite du plan et $T \in \mathcal{A}(2)$ alors l'image, $T(L)$ est aussi une droite.*

DÉMONSTRATION. Il est plus convenable de travailler avec l'équation paramétrique de la droite:

$$L(t) = \left\{ \begin{bmatrix} t \\ at + b \end{bmatrix} = t \begin{bmatrix} 1 \\ a \end{bmatrix} + \begin{bmatrix} 0 \\ b \end{bmatrix} = t\vec{a} + \vec{b}, t \in \mathbb{R} \right\}.$$

Donc pour chaque $t \in \mathbb{R}$ c'est-à-dire pour chaque point $\mathbf{p} = t\vec{a} + \vec{b}$ de L on a:

$$\begin{aligned} T(\mathbf{p}) &= T(t\vec{a} + \vec{b}) = A(t\vec{a} + \vec{b}) + \vec{v} = tA(\vec{a}) + A(\vec{b}) + \vec{v} \\ &= tA(\vec{a}) + (A(\vec{b}) + \vec{v}) \\ &= tA(\vec{a}) + T(\vec{b}). \end{aligned}$$

Il s'ensuit que $T(L)$ est la droite décrite par l'équation paramétrique

$$T(L(t)) = tA(\vec{a}) + T(\vec{b}), \ t \in \mathbb{R}.$$

□

EXEMPLE 4.9. Pour calculer l'image de la droite $y = 3x + 1$ par l'application affine

$$T(\vec{x}) = \begin{pmatrix} 3 & 1 \\ 2 & 1 \end{pmatrix} \begin{bmatrix} x \\ y \end{bmatrix} + \begin{bmatrix} 1 \\ -2 \end{bmatrix},$$

on détermine d'abord l'équation paramétrique $L(t) = t \begin{bmatrix} 1 \\ 3 \end{bmatrix} + \begin{bmatrix} 0 \\ 1 \end{bmatrix}$ de la droite.

Ensuite, on calcule

$$\begin{aligned} T(L(t)) &= t \begin{pmatrix} 3 & 1 \\ 2 & 1 \end{pmatrix} \begin{bmatrix} 1 \\ 3 \end{bmatrix} + \begin{pmatrix} 3 & 1 \\ 2 & 1 \end{pmatrix} \begin{bmatrix} 0 \\ 1 \end{bmatrix} + \begin{bmatrix} 1 \\ -2 \end{bmatrix} \\ &= t \begin{bmatrix} 6 \\ 5 \end{bmatrix} + \begin{bmatrix} 2 \\ -1 \end{bmatrix}. \end{aligned}$$

Pour trouver l'équation cartésienne de l'image, il suffit de calculer les coordonnées

$$x = 6t + 2 \text{ et } y = 5t - 1 \Rightarrow t = \frac{x-2}{6} = \frac{y+1}{5} \iff 5x - 10 = 6y + 6.$$

L'image est la droite $5x - 6y = 16$.

□

EXERCICE 4.10. Trouver une formule algébrique pour décrire l'image de la droite $y = mx + b$ par l'application

$$T(\vec{x}) = \begin{pmatrix} a & -b \\ b & a \end{pmatrix} \begin{bmatrix} x \\ y \end{bmatrix} + \begin{bmatrix} p \\ q \end{bmatrix}, \ a^2 + b^2 = 1.$$

Donner une interprétation géométrique du résultat obtenu et la comparer au cas de

$$T(\vec{x}) = \begin{pmatrix} a & b \\ b & -a \end{pmatrix} \begin{bmatrix} x \\ y \end{bmatrix} + \begin{bmatrix} p \\ q \end{bmatrix}, \ a^2 + b^2 = 1.$$

Noter qu'il est tout à fait naturel de parler d'application affine sur $\mathbb{R}^n$ en définissant

$$T(\vec{x}) = A(\vec{x}) + \vec{v}, \ A \text{ est un automorphisme de } \mathbb{R}^n.$$

EXERCICE 4.11. Montrer que si L est une droite dans $\mathbb{R}^n$, alors son image $T(L)$ est aussi une droite. Qu'en est -il de l'image d'un plan ou de celle d'un hyperplan?

REMARQUE 4.12. Un théorème de Von Staudt des années 1840 dit que si $T : \mathbb{R}^n \to \mathbb{R}^n$ est une bijection telle que pour toute droite $L \subset \mathbb{R}^n$, l'image $T(L)$ est aussi une droite, alors T est une application affine.[1] Les deux propriétés sont donc mathématiquement équivalentes.

EXERCICE 4.13. Trouver l'image de la droite $L(t) = \begin{bmatrix} 2 \\ -1 \\ 0 \end{bmatrix} + t \begin{bmatrix} 1 \\ -1 \\ 1 \end{bmatrix}$ et celle du plan $P(u,v) = \begin{bmatrix} 2 \\ -1 \\ 0 \end{bmatrix} u + \begin{bmatrix} 1 \\ -1 \\ 1 \end{bmatrix} v$ par l'appiication affine:

$$T(\vec{x}) = \begin{pmatrix} 1 & 1 & 1 \\ 0 & 1 & 2 \\ 1 & 2 & 4 \end{pmatrix} \begin{bmatrix} x \\ y \\ z \end{bmatrix} + \begin{bmatrix} 2 \\ -1 \\ 0 \end{bmatrix}.$$

COROLLAIRE 4.14. *Les images de deux droites parallèles par une application affine sont parallèles.*

DÉMONSTRATION. Soient $L_1(t) = \vec{b}_1 + t\vec{a}_1$ et $L_2(s) = \vec{b}_2 + s\vec{a}_2$ deux droites. Alors par hypothèse $\vec{a}_1 = \lambda\vec{a}_2$, $\lambda \in \mathbb{R}$. Si $T(x) = A\vec{x} + \vec{b}$ est une affinité alors

$$T(L_1(t)) = T(\vec{b}_1) + tA(\vec{a}_1) = T(\vec{b}_1) + t(\lambda A(\vec{a}_2)) \text{ et } T(L_2(s)) = T(\vec{b}_2) + sA(\vec{a}_2).$$

□

REMARQUE 4.15. Si (M, N, P) est un triplet de points différents sur la droite L du plan et $T(\vec{x}) = A(x) + \vec{v}$, alors on peut trouver une simple relation entre les rapports de proportion des segments $\frac{\overline{MN}}{\overline{MP}}$ et $\frac{\overline{T(M)T(N)}}{\overline{T(M)T(P)}}$.

En effet, dénotons par $\vec{u}$ le vecteur unitaire directeur de L alors

[1] G, Von Staudt. *Geometrie der Lage.* Nûrnberg: F. Korn, 1847.

$$L(t) = M + t\vec{u}, \text{ et } T(L(t)) = T(M) + tA\vec{u}, \ t \in \mathbb{R}.$$

Donc $\exists\ t_1, t_2 \in \mathbb{R}$ tels que $N = M + t_1\vec{u}$ et $P = M + t_2\vec{u}$. On obtient,

$$T(N) = T(M) + t_1 A\vec{u} \text{ et } T(P) = T(M) + t_2 A\vec{u}.$$

On calcule

$$||P - N|| = ||M + t_2\vec{u} - M + t_1\vec{u}|| = |t_2 - t_1| \cdot ||\vec{u}|| = |t_2 - t_1|,$$

et

$$||T(P) - T(N)|| = ||T(M) + t_2 A\vec{u} - T(M) + t_1 A\vec{u}|| = |t_2 - t_1|||A\vec{u}||.$$

On voit que les images se sont étirées ou rétrécies d'un facteur constant $||A\vec{u}||$. Les rapports de proportions des longueurs sur des lignes parallèles sont conservés par une application affine en conséquence.

□

Le prochain théorème est fondamental parce qu'il caractérise les applications affines du plan.

THÉORÈME 4.16 (FONDAMENTAL). *Soit $\{\vec{u}, \vec{v}, \vec{w}\}$ et $\{\vec{a}, \vec{b}, \vec{e}\}$ deux triplets de points non alignés du plan, alors il existe exactement une seule application $T \in \mathcal{A}(2)$ telle que:*

$$T(\vec{u}) = \vec{a}, \ T(\vec{v}) = \vec{b}, \text{ et } T(\vec{w}) = \vec{e}.$$

DÉMONSTRATION. On définit deux applications affines:

$$T_1\left(\begin{bmatrix} x \\ y \end{bmatrix}\right) = \begin{pmatrix} a & b \\ c & d \end{pmatrix}\begin{bmatrix} x \\ y \end{bmatrix} + \begin{bmatrix} e \\ f \end{bmatrix} \text{ et } T_2\left(\begin{bmatrix} x \\ y \end{bmatrix}\right) = \begin{pmatrix} g & h \\ i & j \end{pmatrix}\begin{bmatrix} x \\ y \end{bmatrix} + \begin{bmatrix} r \\ s \end{bmatrix} \text{ telles que}$$

$$T_1\left(\begin{bmatrix} 0 \\ 0 \end{bmatrix}\right) = \begin{bmatrix} e \\ f \end{bmatrix} = \vec{u}, T_1\left(\begin{bmatrix} 1 \\ 0 \end{bmatrix}\right) = \begin{bmatrix} a \\ c \end{bmatrix} + \begin{bmatrix} e \\ f \end{bmatrix} = \vec{v}, T_1\left(\begin{bmatrix} 0 \\ 1 \end{bmatrix}\right) = \begin{bmatrix} b \\ d \end{bmatrix} + \begin{bmatrix} e \\ f \end{bmatrix} = \vec{w}$$

et

$$T_2\left(\begin{bmatrix} 0 \\ 0 \end{bmatrix}\right) = \begin{bmatrix} r \\ s \end{bmatrix} = \vec{a}, T_2\left(\begin{bmatrix} 1 \\ 0 \end{bmatrix}\right) = \begin{bmatrix} g \\ i \end{bmatrix} + \begin{bmatrix} r \\ s \end{bmatrix} = \vec{b}, T_2\left(\begin{bmatrix} 0 \\ 1 \end{bmatrix}\right) = \begin{bmatrix} h \\ j \end{bmatrix} + \begin{bmatrix} r \\ s \end{bmatrix} = \vec{e}.$$

Alors

$$\begin{bmatrix} a \\ c \end{bmatrix} = \vec{v} - \vec{u}, \begin{bmatrix} b \\ d \end{bmatrix} = \vec{w} - \vec{u}, \begin{bmatrix} g \\ i \end{bmatrix} = \vec{b} - \vec{a} \text{ et } \begin{bmatrix} h \\ j \end{bmatrix} = \vec{e} - \vec{a};$$

ce qui signifie que T_1 et T_2 sont uniques. Pour conclure, on choisit

$$T = T_2 \circ T_1^{-1}.$$

□

Une des importantes conséquences du Théorème Fondamental est la suivante:

COROLLAIRE 4.17. *Si Δ et Δ' sont deux triangles non aplatis (non dégénérés) du plan, alors il existe exactement une seule transformation affine T telle que $T(\Delta) = \Delta'$.*

DÉMONSTRATION. Laissée au lecteur.

□

EXEMPLE 4.18. Pour trouver l'application affine T telle que:

$$T\left(\begin{bmatrix}1\\6\end{bmatrix}\right) = \begin{bmatrix}2\\1\end{bmatrix}, T\left(\begin{bmatrix}2\\3\end{bmatrix}\right) = \begin{bmatrix}1\\-2\end{bmatrix} \text{ et } T\left(\begin{bmatrix}3\\-1\end{bmatrix}\right) = \begin{bmatrix}-3\\5\end{bmatrix},$$

on pose

$$T_1\left(\begin{bmatrix}x\\y\end{bmatrix}\right) = \begin{pmatrix}1 & 2\\-3 & -7\end{pmatrix}\begin{bmatrix}x\\y\end{bmatrix} + \begin{bmatrix}1\\6\end{bmatrix} \text{ et } T_2\left(\begin{bmatrix}x\\y\end{bmatrix}\right) = \begin{pmatrix}-1 & -5\\-3 & 4\end{pmatrix}\begin{bmatrix}x\\y\end{bmatrix} + \begin{bmatrix}2\\1\end{bmatrix}.$$

On calcule

$$T_1^{-1}\left(\begin{bmatrix}x\\y\end{bmatrix}\right) = \begin{pmatrix}7 & 2\\-3 & -1\end{pmatrix}\begin{bmatrix}x\\y\end{bmatrix} - \begin{bmatrix}19\\-9\end{bmatrix}.$$

Donc,

$$T\left(\begin{bmatrix}x\\y\end{bmatrix}\right) = \begin{pmatrix}-1 & -5\\-3 & 4\end{pmatrix}\left(\begin{pmatrix}7 & 2\\-3 & -1\end{pmatrix}\begin{bmatrix}x\\y\end{bmatrix} - \begin{bmatrix}19\\-9\end{bmatrix}\right) + \begin{bmatrix}2\\1\end{bmatrix}$$

$$= \begin{pmatrix}8 & 3\\-33 & -10\end{pmatrix}\begin{bmatrix}x\\y\end{bmatrix} + \begin{bmatrix}-24\\94\end{bmatrix}.$$

□

EXERCICE 4.19. Choisir arbitrairement trois triplets de points non colinéaires du plan et trouver l'application affine qui transforme un triplet en un autre.

EXERCICE 4.20. Essayer d'énoncer et de démontrer un théorème analogue au Théorème Fondamental dans le cas de $\mathbb{R}^3$. Qu'en est-il de $\mathbb{R}^n$?

EXERCICE 4.21. Étant donné un parallélogramme non dégénéré ABCD dans $\mathbb{R}^3$, peut-on trouver une application affine telle que

$$T\left(\begin{bmatrix}0\\0\\0\end{bmatrix}\right) = A, T\left(\begin{bmatrix}1\\0\\0\end{bmatrix}\right) = B, T\left(\begin{bmatrix}0\\1\\0\end{bmatrix}\right) = C \text{ et } T\left(\begin{bmatrix}0\\0\\1\end{bmatrix}\right) = D?$$

Si on répond affirmativement à la question précédente, est-ce que T est unique?

EXERCICE 4.22. On appelle médianes d'un triangle non aplati ABC les trois droites (AA'), (BB'), (CC') joignant un sommet de ce triangle au milieu du côté opposé. Montrer que les trois médianes sont concourantes.

4.0.1. Isométrie affine. Une isométrie affine est une application affine $T(\vec{x}) = A(\vec{x}) + \vec{b}$ telle que A est une isométrie vectorielle donc une rotation ou une réflection.

EXERCICE 4.23. Montrer que muni de la loi de composition, l'ensemble des isométries affines est un groupe.

EXERCICE 4.24. Montrer que deux triangles du plan sont superposables si et seulement s'il existe une isométrie affine entre eux. Montrer que la superposabilité est une relation d'équivalence.

COORDONNÉES BARYCENTRIQUES

Ces coordonnées, dans certains cas, simplifient grandement des preuves concernant des propriétés géométriques du triangle en exprimant les points du plan en fonction de ses sommets.

DÉFINITION 4.25. Soient $A = \begin{bmatrix} a_1 \\ a_2 \end{bmatrix}$, $B = \begin{bmatrix} b_1 \\ b_2 \end{bmatrix}$ et $C = \begin{bmatrix} c_1 \\ c_2 \end{bmatrix}$ les trois sommets d'un triangle ΔABC, *le triangle de référence.* Les *coordonnées barycentriques* (p, q, r) d'un point $P = (x, y)$ du plan sont données par les équations:

$$\begin{aligned} x &= pa_1 + qb_1 + rc_1 \\ y &= pa_2 + qb_2 + rc_2 \\ 1 &= p + q + r. \end{aligned} \tag{4.1}$$

Nous utiliserons la forme matricielle de 4.1

$$\begin{bmatrix} x \\ y \\ 1 \end{bmatrix} = \begin{pmatrix} a_1 & b_1 & c_1 \\ a_2 & b_2 & c_2 \\ 1 & 1 & 1 \end{pmatrix} \begin{bmatrix} p \\ q \\ r \end{bmatrix} \Rightarrow \begin{bmatrix} p \\ q \\ r \end{bmatrix} = \begin{pmatrix} a_1 & b_1 & c_1 \\ a_2 & b_2 & c_2 \\ 1 & 1 & 1 \end{pmatrix}^{-1} \begin{bmatrix} x \\ y \\ 1 \end{bmatrix}$$

Cette matrice dénotée $\mathcal{B}$ est toujours inversible puisque A B, et C ne sont pas alignés.

Il est nécessaire de résoudre tous ces exercices avant de continuer la lecture.

EXERCICE 4.26. Montrer que les coordonnées barycentriques des sommets du triangle de référence ΔABC sont

$$A = \begin{bmatrix} 1 \\ 0 \\ 0 \end{bmatrix}, B = \begin{bmatrix} 0 \\ 1 \\ 0 \end{bmatrix} \text{ et } C = \begin{bmatrix} 0 \\ 0 \\ 1 \end{bmatrix}$$

EXERCICE 4.27. Calculer les coordonnées barycentriques de $\begin{bmatrix} 2 \\ 5 \end{bmatrix}$ relatives au triangle dont les sommets sont $\begin{bmatrix} -1 \\ 1 \end{bmatrix}$, $\begin{bmatrix} 2 \\ 3 \end{bmatrix}$ et $\begin{bmatrix} 1 \\ 1 \end{bmatrix}$.

EXERCICE 4.28. Montrer que si les coordonnées barycentriques de P, Q, et R relatives à un triangle ΔABC sont $\begin{bmatrix} p_1 \\ p_2 \\ p_3 \end{bmatrix}$, $\begin{bmatrix} q_1 \\ q_2 \\ q_3 \end{bmatrix}$ et $\begin{bmatrix} r_1 \\ r_2 \\ r_3 \end{bmatrix}$ respectivement, alors P Q et R sont alignés si et seulement si

$$\begin{vmatrix} p_1 & q_1 & r_1 \\ p_2 & q_2 & r_2 \\ p_3 & q_3 & r_3 \end{vmatrix} = 0.$$

(1) En déduire que l'équation de la droite L passant P et Q est:

$$\begin{vmatrix} p_1 & q_1 & x \\ p_2 & q_2 & y \\ p_3 & q_3 & z \end{vmatrix} = 0.$$

(2) Montrer que les coordonnées barycentriques de tout point R situé sur la droite L entre P et Q sont données par la formule:

$$\begin{bmatrix} r_1 \\ r_2 \\ r_3 \end{bmatrix} = \lambda \begin{bmatrix} p_1 \\ p_2 \\ p_3 \end{bmatrix} + (1-\lambda) \begin{bmatrix} q_1 \\ q_2 \\ q_3 \end{bmatrix}, \ \lambda \in \mathbb{R}.$$

(3) En déduire l'important théorème de Céva (1678)[2]: soit ΔABC un triangle, P, Q, R trois points situés respectivement sur les droites (BC), (AC), (AB), et distincts des sommets de ce triangle ; alors les droites (AP), (BQ), (CR) sont concourantes ou parallèles si et seulement si

$$\frac{\overline{PB}}{\overline{PC}} \times \frac{\overline{QC}}{\overline{QA}} \times \frac{\overline{RA}}{\overline{RB}} = -1.$$

[2]démontré auparavant par Yüsuf al-Mu'tamin, roi de Saragosse 1081-1085.

Nous pouvons maintenant démontrer un autre important théorème de la géométrie du triangle.

THÉORÈME 4.29 (Menelaüs 70-140). *Soit ΔABC un triangle et L une droite coupant $\overline{AB}$ en F, $\overline{AC}$ en E et $\overline{BC}$ en D. Voir Figure 4.0.1. Alors*

$$\frac{\overline{AF}}{\overline{FB}} \times \frac{\overline{BD}}{\overline{DC}} \times \frac{\overline{CE}}{\overline{EA}} = -1.$$

DÉMONSTRATION. Soit λ, μ et γ tels que

$$\frac{\overline{AF}}{\overline{FB}} = \frac{1-\lambda}{\lambda}, \quad \frac{\overline{BD}}{\overline{DC}} = \frac{1-\mu}{\mu} \text{ et } \frac{\overline{CE}}{\overline{EA}} = \frac{1-\gamma}{\gamma}.$$

Les coordonnées barycentriques de F sont données par

$$\lambda \begin{bmatrix} 1 \\ 0 \\ 0 \end{bmatrix} + (1-\lambda) \begin{bmatrix} 0 \\ 1 \\ 0 \end{bmatrix} = \begin{bmatrix} \lambda \\ 1-\lambda \\ 0 \end{bmatrix},$$

celles de D sont

$$\mu \begin{bmatrix} 0 \\ 1 \\ 0 \end{bmatrix} + (1-\mu) \begin{bmatrix} 0 \\ 0 \\ 1 \end{bmatrix} = \begin{bmatrix} 0 \\ \mu \\ 1-\mu \end{bmatrix}$$

et celles de E sont

$$\gamma \begin{bmatrix} 0 \\ 0 \\ 1 \end{bmatrix} + (1-\gamma) \begin{bmatrix} 1 \\ 0 \\ 0 \end{bmatrix} = \begin{bmatrix} 1-\gamma \\ 0 \\ \gamma \end{bmatrix},$$

D'après l'un des exercices précédents, les points E, D, F sont alignés si et seulement si

$$\begin{vmatrix} \lambda & 0 & 1-\gamma \\ 1-\lambda & \mu & 0 \\ 0 & 1-\mu & \gamma \end{vmatrix} = 0.$$

Donc, $\lambda\mu\gamma + (1-\mu)(1-\lambda)(1-\gamma) = 0 \iff \dfrac{(1-\mu)}{u}\dfrac{(1-\lambda)}{\lambda}\dfrac{(1-\gamma)}{\gamma} = -1.$

□

EXERCICE 4.30. Soit ABC un triangle non aplati du plan affine E et $(\vec{i}, \vec{j})$ une base de E. On note, pour tout couple $(\vec{u}, \vec{v})$ de vecteurs de E, $\det(\vec{u}, \vec{v})$ le déterminant de ce couple de vecteurs dans la base $(\vec{i}, \vec{j})$.

FIGURE 4.0.1. Théorème de Ménélaüs

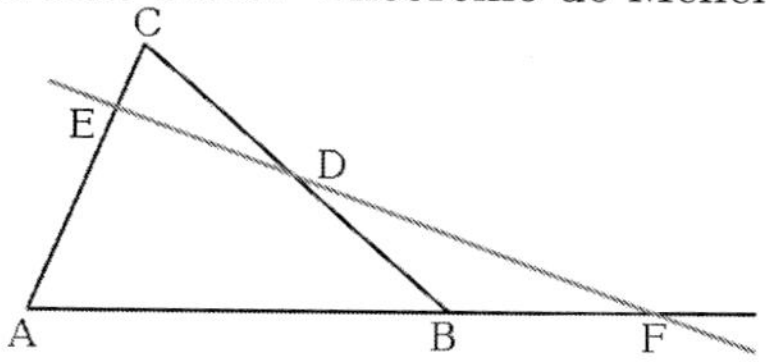

(1) Montrer que $\det(\overrightarrow{AB}, \overrightarrow{AC}) = \det(\overrightarrow{BC}, \overrightarrow{BA}) = \det(\overrightarrow{CA}, \overrightarrow{CB})$. On appellera aire orientée du triangle ABC, l'unité d'aire étant l'aire du parallélogramme construit sur les vecteurs $\vec{i}$ et $\vec{j}$, le nombre $\frac{1}{2}\det(\overrightarrow{AB}, \overrightarrow{AC})$.

(2) Soit M un point de E de coordonnées barycentriques réduites (α, β, γ) dans le repère (A, B, C). Exprimer les vecteurs $\overrightarrow{MB}$ et $\overrightarrow{MC}$ en fonction des vecteurs $\overrightarrow{AB}$ et $\overrightarrow{AC}$. En déduire une expression de $\det(\overrightarrow{MB}, \overrightarrow{MC})$ en fonction α, β, γ et $\det(\overrightarrow{AB}, \overrightarrow{AC})$.

(3) Montrer que les médianes d'un triangle partagent ce triangle en six petits triangles de même aire.

ACTION DU GROUPE AFFINE SUR LES CONIQUES

THÉORÈME 4.31. *Il existe une transformation affine canonique pour chaque conique.*

(1) *Si $\mathcal{E}$ est une ellipse dans le plan, alors il existe une transformation affine T telle que $T(\mathcal{E}) \equiv x^2 + y^2 = 1$.*

(2) *Si $\mathcal{H}$ est hyperbole dans le plan, alors il existe une transformation affine T telle que $T(\mathcal{H}) \equiv xy = 1$.*

(3) *Si $\mathcal{P}$ est une paraboles dans le plan, alors il existe une transformation affine T telle quc $T(\mathcal{P}) \equiv x = y^2$.*

DÉMONSTRATION. Puisqu'on peut toujours trouver une forme de représentation canonique pour chaque conique non dégénérée, alors il est tout à fait justifiable de poser

$$\mathcal{E} \equiv \frac{x^2}{a^2} + \frac{y^2}{b^2}, \mathcal{H} \equiv \frac{x^2}{a^2} - \frac{y^2}{b^2} \text{ et } \mathcal{P} \equiv x = ay^2.$$

(1) Ellipse: Considérons la transformations affine:

$$T(\vec{x}) \equiv \begin{pmatrix} \frac{1}{a} & 0 \\ 0 & \frac{1}{b} \end{pmatrix} \begin{bmatrix} x \\ y \end{bmatrix} = \begin{bmatrix} x' \\ y' \end{bmatrix} = \begin{bmatrix} \frac{x}{a} \\ \frac{y}{b} \end{bmatrix} \Rightarrow x'^2 + y'^2 = 1.$$

Donc, $T(\mathcal{E}) \equiv x^2 + y^2 = 1.$

(2) Hyperbole: Considérons la transformation affine

$$T_1(\vec{x}) \equiv \begin{pmatrix} \frac{1}{a} & 0 \\ 0 & \frac{1}{b} \end{pmatrix} \begin{bmatrix} x \\ y \end{bmatrix} = \begin{bmatrix} x' \\ y' \end{bmatrix} = \begin{bmatrix} \frac{x}{a} \\ \frac{y}{b} \end{bmatrix} \Rightarrow x'^2 - y'^2 = (x' - y')(x' + y') = 1 \text{ et}$$

$$T_1'(\vec{x}') \equiv \begin{pmatrix} 1 & -1 \\ 1 & 1 \end{pmatrix} \begin{bmatrix} x' \\ y' \end{bmatrix} = \begin{bmatrix} x" \\ y" \end{bmatrix} = \begin{bmatrix} x' - y' \\ x' + y' \end{bmatrix} \Rightarrow x"y" = 1.$$

Donc, $T(\mathcal{H}) = (T_1' \circ T_1)(\mathcal{H}) \equiv$ hyperbole $xy = 1$.

(3) Parabole: Considérer la transformation

$$T(\vec{x}) \equiv \begin{pmatrix} \frac{1}{a} & 0 \\ 0 & 1 \end{pmatrix} \begin{bmatrix} x \\ y \end{bmatrix} = \begin{bmatrix} x' \\ y' \end{bmatrix} = \begin{bmatrix} \frac{x}{a} \\ y \end{bmatrix} \Rightarrow ax' = a(y')^2.$$

Donc, $T(\mathcal{P}) \equiv x = y^2$.

□

THÉORÈME 4.32. *Une application affine transforme une conique non dégénérée en une autre du même type.*

DÉMONSTRATION. Soit $T(\vec{x}) = A\vec{x} + \vec{b} = \vec{x}'$. Alors

$$\vec{x} = T^{-1}(\vec{x}') = A^{-1}\vec{x}' - A^{-1}\vec{b}$$

Sous une forme matricielle, on obtient:

$$\begin{bmatrix} x \\ y \end{bmatrix} = \begin{pmatrix} p & q \\ r & s \end{pmatrix} \begin{bmatrix} x' \\ y' \end{bmatrix} + \begin{bmatrix} u \\ t \end{bmatrix} \Rightarrow x = px' + qy' + u \text{ et } y = rx' + sy' + t.$$

Quand on remplace x et y dans

$$Ax^2 + Bxy + Cy^2 + Dx + Ey + F = 0,$$

on obtient une équation quadratique en termes de x' et de y' dont le discriminant est

$$\Delta' = (ps - rq)^2(B^2 - 4AC).$$

Il s'ensuit que $\mathcal{C}$ et $T(\mathcal{C})$ sont du même type puisque $(ps - rq)^2 > 0$.

□

EXERCICE 4.33. Dans le théorème précédent, déterminer la nouvelle équation quadratique en termes de x' et de y' de manière explicite.

EXERCICE 4.34. Soit $T \in \mathcal{A}(2)$.

(1) Montrer que si $\mathcal{C}$ est une ellipse de centre P, alors le centre $T(\mathcal{C})$ est $T(P)$.
(2) Montrer que si $\mathcal{C}$ est une hyperbole dont les asymptotes sont L_1 et L_2, alors les asymptotes de $T(\mathcal{C})$ sont $T(L_1)$ et $T(L_2)$.
(3) Montrer que si $\mathcal{C}$ est une conique et L une droite tangente, alors $T(L)$ est tangente à $T(\mathcal{C})$.

EXERCICE 4.35. Soit $\overline{AB}$ un diamètre d'une ellipse. Montrer que les tangentes en A et B sont parallèles à l'autre diamètre conjugué.

EXERCICE 4.36. Une ellipse inscrite dans un triangle ΔABC touche les côtés $\overline{BC}$, $\overline{CA}$ et $\overline{AB}$ aux points P, Q et R respectivement. Montrer que

$$\frac{\overline{AR}}{\overline{RB}} \times \frac{\overline{BP}}{\overline{PC}} \times \frac{\overline{CQ}}{\overline{QA}} = 1.$$

En déduire que $\overline{AP}$, $\overline{BQ}$ et $\overline{CR}$ sont concourantes.

EXERCICE 4.37. Les tangentes à une ellipse en A et B se rencontrent en un point P. Soit O le centre de l'ellipse. Montrer que $\overline{PO}$ passe au milieu de $\overline{AB}$.

Index

$$\Delta' = (ps - rq)^2(B^2 - 4AC).$$

Il s'ensuit que $\mathcal{C}$ et $T(\mathcal{C})$ sont du même type puisque $(ps - rq)^2 > 0$.

□

EXERCICE 4.33. Dans le théorème précédent, déterminer la nouvelle équation quadratique en termes de x' et de y' de manière explicite.

EXERCICE 4.34. Soit $T \in \mathcal{A}(2)$.

(1) Montrer que si $\mathcal{C}$ est une ellipse de centre P, alors le centre $T(\mathcal{C})$ est $T(P)$.

(2) Montrer que si $\mathcal{C}$ est une hyperbole dont les asymptotes sont L_1 et L_2, alors les asymptotes de $T(\mathcal{C})$ sont $T(L_1)$ et $T(L_2)$.

(3) Montrer que si $\mathcal{C}$ est une conique et L une droite tangente, alors $T(L)$ est tangente à $T(\mathcal{C})$.

EXERCICE 4.35. Soit $\overline{AB}$ un diamètre d'une ellipse. Montrer que les tangentes en A et B sont parallèles à l'autre diamètre conjugué.

EXERCICE 4.36. Une ellipse inscrite dans un triangle ΔABC touche les côtés $\overline{BC}$, $\overline{CA}$ et $\overline{AB}$ aux points P, Q et R respectivement. Montrer que

$$\frac{\overline{AR}}{\overline{RB}} \times \frac{\overline{BP}}{\overline{PC}} \times \frac{\overline{CQ}}{\overline{QA}} = 1.$$

En déduire que $\overline{AP}$, $\overline{BQ}$ et $\overline{CR}$ sont concourantes.

EXERCICE 4.37. Les tangentes à une ellipse en A et B se rencontrent en un point P. Soit O le centre de l'ellipse. Montrer que $\overline{PO}$ passe au milieu de $\overline{AB}$.

Index

Bibliographie

[B] O. Bretscher, *Linear Algebra with Applications, Fourth Edition*, Prentice Hall-Pearson, USA, 2009.

[BEG] A. Brannan, F. Eplen, J. Gray, *Geometry, Second Edition*, Cambridge University Press, 2012.

[C] S. J. Colley, *Vector Calculus, Fourth Edition*, Pearson, Boston, 2012.

[G] R. Godement, *Cours d'Algèbre, Deuxième Èdition, Revue et corrigèe*, Hermann, Paris, 1966.

[HK] K. Hoffman, R. Kunze, *Linear Algebra, Second Edition*, Pearson, India, 2015

[R] J. Rogawski, *Calculus, Second Edition*, Freeman, New York, Basingstoke UK, 2012.